Fadoua Bahja

Détection du fondamental de la parole en temps-réel

Fadoua Bahja

Détection du fondamental de la parole en temps-réel

Application aux voix pathologiques

Presses Académiques Francophones

Impressum / Mentions légales
Bibliografische Information der Deutschen Nationalbibliothek: Die Deutsche Nationalbibliothek verzeichnet diese Publikation in der Deutschen Nationalbibliografie; detaillierte bibliografische Daten sind im Internet über http://dnb.d-nb.de abrufbar.
Alle in diesem Buch genannten Marken und Produktnamen unterliegen warenzeichen-, marken- oder patentrechtlichem Schutz bzw. sind Warenzeichen oder eingetragene Warenzeichen der jeweiligen Inhaber. Die Wiedergabe von Marken, Produktnamen, Gebrauchsnamen, Handelsnamen, Warenbezeichnungen u.s.w. in diesem Werk berechtigt auch ohne besondere Kennzeichnung nicht zu der Annahme, dass solche Namen im Sinne der Warenzeichen- und Markenschutzgesetzgebung als frei zu betrachten wären und daher von jedermann benutzt werden dürften.

Information bibliographique publiée par la Deutsche Nationalbibliothek: La Deutsche Nationalbibliothek inscrit cette publication à la Deutsche Nationalbibliografie; des données bibliographiques détaillées sont disponibles sur internet à l'adresse http://dnb.d-nb.de.
Toutes marques et noms de produits mentionnés dans ce livre demeurent sous la protection des marques, des marques déposées et des brevets, et sont des marques ou des marques déposées de leurs détenteurs respectifs. L'utilisation des marques, noms de produits, noms communs, noms commerciaux, descriptions de produits, etc, même sans qu'ils soient mentionnés de façon particulière dans ce livre ne signifie en aucune façon que ces noms peuvent être utilisés sans restriction à l'égard de la législation pour la protection des marques et des marques déposées et pourraient donc être utilisés par quiconque.

Coverbild / Photo de couverture: www.ingimage.com

Verlag / Editeur:
Presses Académiques Francophones
ist ein Imprint der / est une marque déposée de
OmniScriptum GmbH & Co. KG
Heinrich-Böcking-Str. 6-8, 66121 Saarbrücken, Deutschland / Allemagne
Email: info@presses-academiques.com

Herstellung: siehe letzte Seite /
Impression: voir la dernière page
ISBN: 978-3-8381-7168-5

Fadoua Bahja

Détection du fondamental de la parole en temps-réel

Fadoua Bahja

Détection du fondamental de la parole en temps-réel

Application aux voix pathologiques

Presses Académiques Francophones

Impressum / Mentions légales

Bibliografische Information der Deutschen Nationalbibliothek: Die Deutsche Nationalbibliothek verzeichnet diese Publikation in der Deutschen Nationalbibliografie; detaillierte bibliografische Daten sind im Internet über http://dnb.d-nb.de abrufbar.
Alle in diesem Buch genannten Marken und Produktnamen unterliegen warenzeichen-, marken- oder patentrechtlichem Schutz bzw. sind Warenzeichen oder eingetragene Warenzeichen der jeweiligen Inhaber. Die Wiedergabe von Marken, Produktnamen, Gebrauchsnamen, Handelsnamen, Warenbezeichnungen u.s.w. in diesem Werk berechtigt auch ohne besondere Kennzeichnung nicht zu der Annahme, dass solche Namen im Sinne der Warenzeichen- und Markenschutzgesetzgebung als frei zu betrachten wären und daher von jedermann benutzt werden dürften.

Information bibliographique publiée par la Deutsche Nationalbibliothek: La Deutsche Nationalbibliothek inscrit cette publication à la Deutsche Nationalbibliografie; des données bibliographiques détaillées sont disponibles sur internet à l'adresse http://dnb.d-nb.de.
Toutes marques et noms de produits mentionnés dans ce livre demeurent sous la protection des marques, des marques déposées et des brevets, et sont des marques ou des marques déposées de leurs détenteurs respectifs. L'utilisation des marques, noms de produits, noms communs, noms commerciaux, descriptions de produits, etc, même sans qu'ils soient mentionnés de façon particulière dans ce livre ne signifie en aucune façon que ces noms peuvent être utilisés sans restriction à l'égard de la législation pour la protection des marques et des marques déposées et pourraient donc être utilisés par quiconque.

Coverbild / Photo de couverture: www.ingimage.com

Verlag / Editeur:
Presses Académiques Francophones
ist ein Imprint der / est une marque déposée de
OmniScriptum GmbH & Co. KG
Heinrich-Böcking-Str. 6-8, 66121 Saarbrücken, Deutschland / Allemagne
Email: info@presses-academiques.com

Herstellung: siehe letzte Seite /
Impression: voir la dernière page
ISBN: 978-3-8381-7168-5

Copyright / Droit d'auteur © 2014 OmniScriptum GmbH & Co. KG
Alle Rechte vorbehalten. / Tous droits réservés. Saarbrücken 2014

UNIVERSITÉ MOHAMMED V – AGDAL
FACULTÉ DES SCIENCES

Rabat

N° d'ordre : 2661

THÈSE DE DOCTORAT

Présentée par :

BAHJA Fadoua

Discipline : Sciences de l'ingénieur

Spécialité : Informatique et Télécommunications

Détection du fondamental de la parole en temps réel

: application aux voix pathologiques

Soutenue le : 09 Juillet 2013

Devant le jury

Président :

Mr. Driss ABOUTAJDINE   PES à Faculté des Sciences de Rabat

Examinateurs :

Mr. Abdallah ADIB   PES à Faculté des Sciences et Techniques, Mohammedia

Mr. Elhassane IBN ELHAJ   PES à l'Institut National des Postes et Télécommunications, Rabat

Mr. Najib NAJA   PES à l'Institut National des Postes et Télécommunications, Rabat

Mr. Abdelhak MOURADI   PES à l'École Nationale Supérieure d'Informatique et d'Analyse des Systèmes, Rabat

Mr. Joseph DI MARTINO   Maître de conférences à l'Université de Lorraine de Nancy, France

Faculté des Sciences, 4 Avenue Ibn Battouta B.P. 1014 RP, Rabat – Maroc
Tel +212 (0) 37 77 18 34/35/38, Fax: +212 (0) 37 77 42 61, http://www.fsr.ac.ma

I

AVANT-PROPOS

Le travail de cette thèse a été réalisé au sein du Laboratoire de Recherche en Informatique et Télécommunications (LRIT) de la Faculté des Sciences de Rabat - Université Mohammed V-Agdal, Maroc, sous la direction de Monsieur Driss ABOUTAJDINE, Professeur à la Faculté des Sciences de Rabat, responsable du LRIT et Directeur du Centre National pour la Recherche Scientifique et Technique (CNRST) et de Monsieur Elhassane IBN ELHAJ, Professeur à l'Institut National des Postes et Télécommunications (INPT) et le co-encadrement de Monsieur Joseph DI MARTINO, Maître de conférence à l'Université de Lorraine de Nancy, France.

D'abord et avant tout, je tiens à remercier le Professeur Driss ABOUTAJDINE, qui a dirigé cette thèse sur le traitement de la parole et qui m'a fait l'honneur de présider le jury de ma soutenance. Être son étudiante durant la préparation de mon DESA était un grand honneur pour moi, favorisant ma fascination pour le traitement du signal.

Je dois un grand merci au Professeur Elhassane IBN ELHAJ, qui a dirigé cette thèse avec un intérêt constant et une grande compétence, pour sa passion pour l'exploration scientifique qui sera toujours mon inspiration dans le futur. Il m'a montré comment la persévérance et la précision peuvent agir comme facteurs primordiaux dans la recherche avec succès.

Ma gratitude va également au Professeur Joseph DI MARTINO, Maître de conférences à l'Université de Lorraine, pour avoir co-encadré cette thèse. Je le remercie, infiniment, pour ses conseils, son soutien et ses contributions en temps et idées. Je le remercie pour sa généreuse aide pendant mon stage au sein de l'équipe parole du Centre de Recherche Inria Nancy - Grand Est, Villers-lès-Nancy, France. Il m'a appris, consciemment et inconsciemment, comment devenir un chercheur avec des capacités et des responsabilités.

Je tiens également à remercier le Professeur Abdellah ADIB, Professeur à la Faculté des Sciences et Techniques de Mohammedia (FSTM), pour avoir accepté gracieusement de rapporter mon travail de thèse, pour son temps précieux qu'il m'a consacré, ses discussions intéressantes et ses suggestions sur la thèse. Qu'il trouve ici mes plus vifs remerciements pour l'intérêt qu'il a porté à mon travail. Il a également contribué par ses nombreuses remarques et suggestions à proposer de nombreuses perspectives à ce mémoire, et je lui en suis très reconnaissante.

Je tiens à remercier le Professeur Najib NAJA, Professeur à l'INPT, pour avoir accepté gracieusement de rapporter mon travail de thèse et pour son intérêt à ma recherche.

Ma gratitude va également au Professeur Abdelhak MOURADI, Professeur à l'École

Nationale Supérieure d'Informatique et d'Analyse des Systèmes pour avoir accepté de faire partie de mon jury de thèse et pour son intérêt à ma recherche.

Je tiens à exprimer aussi toute ma gratitude à ma mère et à mon père : sans leur amour inconditionnel, soutien et encouragement, ce travail n'aurait pu être possible. Je voudrais dédier cette dissertation à eux.

Un grand merci à ma sœur Imane, mon frère Fouad, son épouse Amina et leur deux petits anges : Soufiane et Rayane qui m'ont aidé à garder le moral et l'énergie lorsqu'ils menaçaient de chuter.

Je tiens à remercier vivement mes amis Ghizlane, Rim, Latifa, Ezzahra, Nisrine et Said pour leur soutien et leur confiance tout au long de ces années.

Mille merci à tous ceux qui me connaissent : amis, collègues et famille.

Enfin, je dédie cette thèse à ma petite famille que j'aime infiniment et inconditionnellement.

TABLE DES MATIÈRES

Liste des notations et abréviations

ACEP Advanced CEPstrum

CATE Circulaire Autocorrelation of the Temporal Excitation

CE Classification Error

CPD Cepstrum Pitch Determination

DT-CWT Dual Tree Complex Wavelet Transform

DTW Dynamic Time Wraping

DWT Discret Wavelet Transform

eCATE enhanced CATE

eCATE+ enhanced eCATE

eCATE++ enhanced eCATE+

EM Expectation Maximization

eSRPD enhanced SRPD

FFE F0 Frame Error

FFT Fast Fourier Transformation

GER Gross Error Rate

GMM Gaussian Mixture Model

GPE Gross Pitch Error

HPS Harmonic Product Spectrum

IFFT Inverse Fast Fourier Transformation

LBG-VQ Linde, Buzo and Gray Vector Quantization

LMR Linear Multivariate Regression

LPC Linear Predictive Coding

MFPE Mean Fine Pitch Error

OLA Overlap-add

PL Prédiction Linéaire

S.dev Standard deviation

SED Signal d'Erreur de Distorsion

SEI Signal d'Erreur Inter-locuteurs

SIFT Simplified Inverse Filtering Technique

SSED Signal Spectral d'Erreur de Distorsion

TTS Text-To-Speech

VQ Vector Quantization

WCEPD Wavelet and Cepstrum Excitation for Pitch Determination

Liste des figures

LISTE DES TABLEAUX

Liste des algorithmes

RÉSUMÉ

Cette thèse s'inscrit dans le cadre des travaux de recherche qui visent la détermination de la fréquence fondamentale du signal de parole. La première contribution est relative au développement d'algorithmes de détection du pitch en temps réel à partir d'une auto-corrélation circulaire du signal d'excitation glottique.

Parmi tous les algorithmes de détection du pitch, décrits dans la littérature, rares sont ceux qui peuvent résoudre correctement tous les problèmes liés au suivi du contour du pitch. Pour cette raison, nous avons élargi notre champ d'investigation et avons proposé de nouveaux algorithmes fondés sur la transformation en ondelettes.

Pour évaluer les performances des algorithmes proposés, nous avons utilisé deux bases de données : Bagshaw et Keele. Les résultats que nous avons obtenus montrent clairement que nos algorithmes surclassent les meilleurs algorithmes de référence décrits dans la littérature.

La deuxième contribution de cette thèse concerne la réalisation d'un système de conversion de voix dans le but d'améliorer la voix pathologique. Nous parlons dans ce cas d'un système de correction de voix. Notre principal apport, concernant la conversion vocale, consiste en la prédiction des coefficients cepstraux de Fourier relatifs au signal d'excitation glottique. Grâce à ce nouveau type de prédiction, nous avons pu réaliser des systèmes de conversion de voix dont les résultats, qu'ils soient objectifs ou subjectifs, valident l'approche proposée.

Mots clés :

Fréquence fondamentale, période de pitch, auto-corrélation circulaire, temps-réel, classification de voisement, vote majoritaire, transformation en ondelettes, excitation cepstrale, conversion de voix, quantification vectorielle, modèle de mélange Gaussien, impulsion cepstrale, correction de voix.

ABSTRACT

This thesis is part of researches aimed at determining the fundamental frequency of speech signals. The first contribution is related to the development of real time pitch detector algorithms, based on an implicit circular autocorrelation of the glottal excitation.

Among all the pitch detection algorithms described in the literature, few of them are able to tackle correctly all the problems of pitch tracking. For this reason, we expanded our scope of investigation and proposed new algorithms based on wavelet transforms.

To evaluate the performances of the proposed algorithms, we used two databases : Bagshaw and Keele. The results we obtained prove that our developed algorithms compare favourably with the best reference pitch detector algorithms described in the literature.

The second contribution of this thesis concerns the implementation of a voice conversion system in order to enhance the pathological voice. In this case, we talk about a correction system. Our main contribution, concerning voice conversion, lies in the prediction of Fourier cepstral coefficients related to the excitation signal. This new kind of prediction allowed us to implement conversion systems whose results, either they are objective or subjective, validate the proposed approach.

Keywords :
Fundamental frequency, pitch period, circular autocorrelation, real-time, voiced classification, majority vote, wavelet transforms, cepstrum excitation, voice conversion, vectorial quantification, Gaussian mixture model, cepstral pulse, voice correction.

INTRODUCTION GÉNÉRALE

Contexte de l'étude

Comment distinguer la nature d'une voix masculine ou féminine ? Peut on avoir des informations sur l'émotivité du locuteur ? Comment distinguer une interrogation ou une affirmation ? Comment corriger les fausses notes de certains chanteurs ? Comment améliorer les voix pathologiques ?

La fréquence fondamentale $F0$ de la parole peut apporter une réponse à toutes ces questions. L'information contenue dans le signal de parole peut être analysée sous différents niveaux de traitement. La détermination de la fréquence fondamentale $F0$ reste généralement la plus pratique et la plus importante, pour son rôle primaire en traitement de la parole. Cette parole qui est le moyen de communication majeur entre humains.

La détermination de $F0$ privilégie l'analyse et le traitement d'un son produit. L'appareil phonatoire est l'ensemble des organes produisant la voix humaine. Pour parler, respirer et avaler, le larynx est l'organe qui dirige ces trois fonctions humaines. En se situant à la partie avant du cou, le larynx contient les cordes vocales. Ces dernières s'accolent et vibrent pour laisser entrer le flux d'air et provoquent un son et nous avons, ainsi, une voix laryngée.

Lorsque les cordes vocales sont relâchées et que le larynx est ouvert, le flux d'air passe librement à travers pour atteindre la trachée puis les poumons pour permettre la respiration. Face à la nourriture, la boisson ou la salive, le larynx se ferme au moment de la déglutition pour que ces aliments ne traversent pas la trachée et les poumons ; mais passent en arrière de celui-ci, dans l'œsophage puis l'estomac. Pour cela le larynx est considéré comme étant le carrefour aéro-digestif, c'est-à-dire entre l'air et les aliments. Ce mouvement des cordes vocales a pour effet la production d'une caractéristique acoustique appropriée au signal de la parole produite qui est la fréquence fondamentale, liée intimement à sa grandeur perceptuelle, que l'on appelle le pitch.

En effet, le pitch n'est rien d'autre que la fréquence fondamentale perçue par l'oreille. Le suivi du pitch est nécessaire afin de juger si un son est voisé ou non voisé. Lors de la production d'un son voisé, comme par exemple les voyelles, les cordes vocales s'ouvrent et se ferment périodiquement pour former une vibration.

Ainsi, la parole est un signal réel, continu, non stationnaire et d'énergie finie. L'analyse de ce signal s'inscrit dans une succession de procédures, que ce soit pour la détermination du fondamental de la parole ou pour la synthèse vocale. Analyse et synthèse sont deux processus duaux, l'analyse développant une description du signal vocal que la synthèse utilise pour le reproduire. Grâce à la synthèse vocale, la conversion d'une voix normale, d'un locuteur source ou de référence, vers une autre voix normale d'un autre locuteur, nommé locuteur cible, est une technique qui consiste à modifier ce signal de parole. Cette modification ne concerne pas seulement les voix normales, mais aussi les voix pathologiques et on parle alors d'un système de correction de la voix pathologique.

Dans la littérature, plusieurs recherches sur la conversion de voix ont été proposées, nous citons : par quantification vectorielle (Abe, 1992), par régression linéaire multiple (Valbret, 1992), par réseaux de neurones (Narendranath *et al.*, 1995) ou par modèles de mélange de gaussiennes (Stylianou, 1996a; Kain et Macon, 1998). Ces différentes techniques de conversion partagent toutes la même stratégie, qui est l'estimation de la fonction de transformation entre la voix source et la voix cible. Cette fonction est appliquée par la suite à la voix source pour générer la parole convertie. Afin d'estimer la fonction de conversion, nous avons besoin de deux corpus parallèles contenant le même contenu phonétique prononcé par deux locuteurs différents.

Le rehaussement des voix pathologiques comme la voix œsophagienne ou la voix chuchotée est le but de la correction vocale. La voix œsophagienne est une voix de substitution apprise par un patient laryngectomisé qui a donc perdu ses cordes vocales après un geste chirurgical. Le patient se trouve ainsi dépossédé de sa voix laryngée. Cette voix est faible en intensité, rauque, et difficile à comprendre. La voix chuchotée pathologique est une voix prononcée par des personnes qui ne mettent pas en œuvre leurs cordes vocales à cause d'une pathologie en celles-ci. C'est donc ce challenge que nous nous proposons de relever dans notre travail.

Contributions

Cette thèse étudie les aspects de la détection et le suivi du pitch en temps réel, la conversion d'une voix normale source vers une autre voix normale cible et la correction d'une voix pathologique, afin de la rendre plus intelligible.

La première contribution concerne la proposition de six algorithmes de suivi de pitch, trois d'entre eux manipulent le spectre d'excitation logarithmique dans le domaine temporel et les trois autres manœuvrent la détection de la fréquence fondamentale dans le domaine multirésolution. Pour tous ces algorithmes proposés, nous avons étudié la décision du voisement, en présentant des techniques simples et intelligentes respectant le temps réel.

La deuxième contribution consiste en la réalisation d'un système de conversion de voix laryngées et un système de correction de voix pathologiques en suivant les trois étapes traditionnelles, qui sont l'analyse vocale, la conversion spectrale et la synthèse vocale. La figure 1 représente le plan général de la thèse et illustre les algorithmes proposés que nous allons développer dans les chapitres suivants.

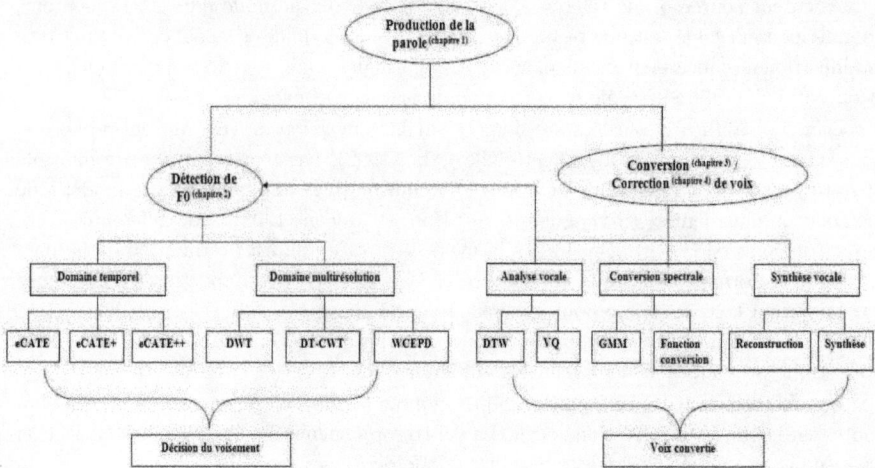

FIGURE 1 – Plan de la thèse.

Organisation de la thèse

La présente thèse est organisée en quatre chapitres. Le premier chapitre propose les éléments essentiels à la compréhension des mécanismes de la production de la parole.

Un état de l'art détaillé sur des différents algorithmes de détermination du pitch est présenté dans le deuxième chapitre. En outre, des approches relatives à la détection de la fréquence fondamentale et au suivi du pitch sont proposées ainsi que d'autres techniques de décision du voisement conçus en temps réel.

Le troisième chapitre est dédié à la conversion de la voix laryngée ainsi qu'à l'évaluation du système proposé. En s'appuyant sur des tests objectifs et subjectifs, nous avons pu évaluer la performance de notre algorithme de conversion de voix qui s'est avérée très prometteuse.

En se basant sur une brève description du fonctionnement de l'appareil vocal d'un patient laryngectomisé, le quatrième chapitre aborde la voix pathologique, ces caractéristiques, ces causes et le challenge principal qui est sa correction et/ou encore son rehaussement.

Contexte : laboratoires de recherche

Ce travail de doctorat, financé par le Centre National pour la Recherche Scientifique et Technique (CNRST) et par le projet Européen IRSES-COADVISE (FP7), s'inscrit dans le cadre de projets de recherche Euro-Méditerranéens 3+3 M06/07 Larynx et M09/02 Oesovox. Il a été réalisé au sein de trois laboratoires :

- Laboratoire de Recherche en Informatique et Télécommunications (LRIT), unité associée au CNRST, URAC 29, à la Faculté des Sciences, Université Mohammed V-Agdal, Rabat, Maroc.
- Équipe Parole du Centre de Recherche Inria Nancy - Grand Est, Villers-lès-Nancy, France.
- Laboratoire Informatique de l'Institut National de Postes et Télécommunications (INPT), Rabat, Maroc.

1 ANATOMIE DU SYSTÈME PHONATOIRE : PRODUCTION DE LA PAROLE

Sommaire

1.1 La parole

La parole est l'une des formes les plus importantes de la communication humaine. Elle joue un rôle important dans le domaine du traitement du signal. Il existe deux caractéristiques fondamentales de la parole : les caractéristiques prosodiques et les caractéristiques articulatoires :

– Une caractéristique prosodique est construite à partir de trois paramètres acoustiques appropriés au signal numérique de la parole produite : sa fréquence fondamentale $F0$, son énergie et son spectre. Chaque trait acoustique est lui-même intimement lié à sa grandeur perceptuelle (respectivement) : pitch, intensité et timbre.

– Une caractéristique articulatoire se traduit physiquement, dans la parole, par une variation de la pression de l'air causée et émise par le système articulatoire.

1.1.1 Anatomie de l'appareil phonatoire

L'appareil phonatoire est l'ensemble des organes qui permettent de produire les sons constituant la voix.

Depuis deux siècles environ, l'évolution très rapide de la médecine et des techniques d'investigation ont permis de mieux comprendre comment le son était généré avant d'être rayonné dans le milieu extérieur.

L'anatomie de l'appareil phonatoire étudiée dans cette section s'appuie sur les ouvrages suivants : (Le Huche et Allali, 2001) et (Lahlaidi, 1987). Une vue schématique de notre appareil vocal est proposée dans la figure 1.1.

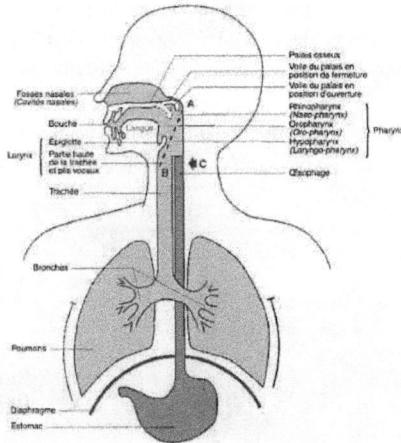

FIGURE 1.1 – Vue d'ensemble du système phonatoire (Le Huche et Allali, 2001).

L'appareil phonatoire se décompose classiquement en trois niveaux (Le Huche et Allali, 2001) :
- Le niveau sous glottique (diaphragme, poumons, trachée) qui s'apparente à une soufflerie. Il permet de réguler le débit et la pression d'air en entrée du système.
- Le niveau glottique (larynx avec les cordes vocales) qui intervient dans la production de sons voisés, où il joue le rôle d'un excitateur acoustique. Le débit d'air qui traverse la glotte est modulé par la vibration des cordes vocales, ce qui génère une onde acoustique qui se propage dans le conduit vocal et qui est rayonnée par les lèvres. Le paramètre qui définit cette onde acoustique est principalement la période fondamentale d'un cycle glottique.
- Le niveau supra glottique (pharynx et cavités buccale et nasale). Il joue le rôle d'un articulateur. Il permet la production des consonnes et des voyelles.

1.1.2 Larynx

Le larynx représente le conduit musculo-cartilagineux situé à la partie médiane et antérieur du cou (Pourriat et Martin, 2005). Il renferme les cordes vocales et constitue le carrefour aéro-digestif des voies aériennes supérieures (figure 1.2).

Le larynx joue un triple rôle (Grosdemange et Malingrey, 2010) :

– lors de la respiration : en inspiration comme en expiration, les cordes vocales en abduction permettent le passage de l'air, dans le sens cavité buccale → trachée → poumons (Le Huche et Allali, 2001).

– lors de la déglutition : son rôle est d'assurer la protection des voies aériennes lors du passage des aliments de la cavité buccale à l'estomac. Ce sont l'élévation du larynx, l'adduction des cordes vocales et la bascule de l'épiglotte qui permettent cette protection.

– lors de la phonation : c'est le passage de l'air expiré provenant des poumons qui met en vibration la muqueuse des cordes vocales, qui permet d'obtenir un son vocal.

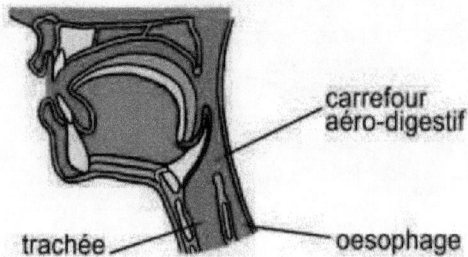

FIGURE 1.2 – Le carrefour aéro-digestif (Grosdemange et Malingrey, 2010).

1.2 De la production de la parole vers sa perception

Le système de production de la parole dépend principalement de la soufflerie qui est constituée des poumons et de la trachée; et du conduit vocal où se propage le son. Le cerveau humain commande à la fois la puissance de la soufflerie et le choix des sons du langage produits. La transition entre la production et la perception de la parole est représentée par la pression acoustique à la sortie de la bouche, qui participe essentiellement au processus de la communication. La perception auditive de la parole dépend à la fois de la clarté et la précision du signal acoustique produit ainsi que de notre capacité cognitive à traiter ce signal.

1.3 Voisement

Les états de l'appareil phonatoire déterminent les natures des sons produits. Lorsque les cordes vocales sont tendues, le flux d'air les fait vibrer, c'est ce qu'on appelle la phonation (voir figure 1.3). Le flux d'air est découpé en un train d'impulsions quasi périodique qui résonne dans les différentes cavités. Physiquement, le train d'impulsion quasi périodique subit une modulation en fréquence en passant par les différentes cavités. On obtient donc un son voisé. Lorsque les cordes vocales sont relâchées, l'air passe librement au niveau du larynx sans les faire vibrer. On obtient alors un son non voisé.

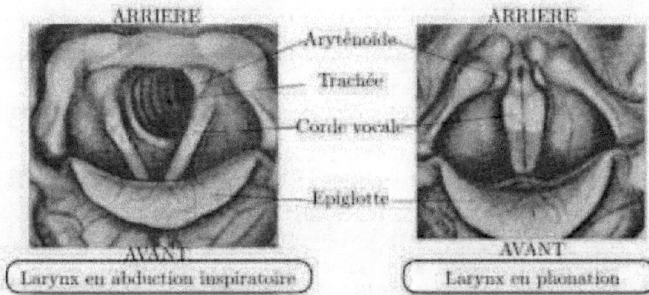

FIGURE 1.3 – Vue schématique antérieure du larynx (Husson, 1962).

En traitement du signal, la décision de voisement est considérée comme étant une caractéristique du signal vocal liée aux vibrations des cordes vocales.

En utilisant la valeur de $F0$ estimée par l'algorithme de détection du pitch développé, la classification d'une période voisée ou non voisée est considérée importante pour le suivi du pitch. Cette décision suppose que la trame analysée du signal de la parole possède une fréquence fondamentale ou non. Cependant, la mesure de voisement dépend souvent de l'estimation du pitch et vice versa.

1.4 Voyelles et consonnes

Le phonème est la plus petite unité de parole : il s'agit soit d'une voyelle, soit d'une consonne. Le nombre de phonèmes est toujours très limité, normalement inférieur à cinquante. Par exemple : la langue française comprend 36 phonèmes (figure 1.4) et les phonèmes de la langue anglaise sont représentés par la figure 1.5.

Les voyelles sont produites lorsque le conduit vocal est ouvert et que le son est voisé. Elles sont orales ou nasales selon que la cavité nasale n'est pas ou est mise en parallèle à

Consonnes			
	[p] paie	[t] taie	[k] quai
	[b] baie	[d] dais	[g] gai
	[m] mais	[n] nez	[ɲ] gagner
	[f] fait	[s] sait	[ʃ] chez
	[v] vais	[z] zéro	[ʒ] geai
	[w] ouais	[ɥ] huer	[j] yéyé
		[l] lait	[R] raie
Voyelles			
	[i] lit	[y] lu	[u] loup
	[e] les	[ø] leu	[o] lot
	[ɛ] lait	[œ] leur	[ɔ] lotte
	[a] là	[ə] le	
	[ɛ̃] lin	[ã] lent	[õ] long

Note : Les distinctions vocaliques [e]-[ɛ], [o]-[œ] et [o]-[ɔ] ne sont pas faites dans tous les contextes et par tous les locuteurs du français. Par contre, certains locuteurs font aussi des distinctions entre patte et pâte, ([a]-[ɑ]) ainsi qu'entre brin et brun ([ɛ̃]-[œ̃]).

FIGURE 1.4 – Les phonèmes de la langue française.

/p/	pin, pope	/i/	bead, see, pea
/b/	bat, baby	/ɪ/	bid, sit, pity
/t/	till, stripe	/e/	bake, hay, beige
/d/	do, begged	/ɛ/	head, bed, said
/k/	cat, kill, chemist, antique	/æ/	hat, apple
/g/	goat, ghost, guard	/a/[10]	par, car
/tf/	fine, rifle	/ə/	purr, were, above
/v/	vine, stephen	/ɑ/	paw, heart, hot
/θ/	thief, maths	/ʌ/	fun, come, dove
/ð/	that, father	/ɔ/	paw, caught
/s/	sit, rice, scissors	/o/	load, go
/z/	buzz, disease, scissors	/u/	food, nude, who
/ʃ/	ship, sugar	/ʊ/	book, full
/ʒ/	measure, collage	/aj/	buy, hide
/ts/	ritz, blitz	/aw/	house, how
/dz/	ads	/oj/	boy, oil
/tʃ/	chance, match, nature		
/dʒ/	jam, edge		
/m/	mummy, ram		
/n/	run, nut		
/ŋ/	bank, singer, ring		
/l/	lamb, hello		
/ɹ/	ran, stirring		
/w/	wet, quite,		
/j/	yet, onion		
/h/	hat, reheat		

FIGURE 1.5 – Les phonèmes de la langue anglaise.

la cavité buccale.

Dans le cas des voyelles, le niveau supra glottique (pharynx et cavités buccale et nasale) fait office de résonateur, et permet de sélectionner les bandes de fréquence à renforcer par ajustement des fréquences et largeurs de bande des résonances acoustiques. Les voyelles sont classées selon : la nasalité, l'ouverture du conduit vocal, la position de la construction du conduit vocal et l'arrondissement des lèvres. Les voyelles se différencient principalement les unes des autres par leur lieu d'articulation, leur aperture, et leur nasalisation. On distingue ainsi, selon la localisation de la masse de la langue, les voyelles antérieures, les voyelles moyennes, et les voyelles postérieures, et, selon l'écartement entre l'organe et le lieu d'articulation, les voyelles fermées et ouvertes. Les voyelles nasales [$\tilde{\varepsilon}$,$\tilde{a}$,$\tilde{œ}$] diffèrent des voyelles orales [i,e,ε,a,o,y,u,œ,ø] en ceci que le voile du palais est abaissé pour leur prononciation, ce qui met en parallèle les cavités nasales et buccale (Boite *et al.*, 2000).

Dans le cas des consonnes, des sources aéro-acoustiques de bruit sont générées selon la position des constructions. Les consonnes sont produites lorsqu'un rétrécissement apparaît dans l'appareil phonatoire. Elles sont fricatives si le rétrécissement est partiel ([f], [v]) ou occlusives si le rétrécissement est total, provoquant une augmentation de la pression et un relâchement brutal de celle-ci lors de l'ouverture ([p], [t]).

Les consonnes sont classées selon : le voisement, le mode d'articulation (occlusif, nasal, fricatif) et le lieu d'articulation (labiale, dentale, palatale). On classe principalement les consonnes en fonction de leur mode d'articulation, de leur lieu d'articulation, et de leur nasalisation.

1.5 Conclusion

Dans le domaine du traitement du signal, la production de la parole concerne surtout la production de sons voisés, qui a un rôle essentiel dans le processus d'ouverture et de fermeture de la glotte. Au cours de ce chapitre, nous avons décrit l'anatomie du système phonatoire et nous avons vu que le larynx joue un triple rôle, mais celui qui nous intéresse concerne son rôle lors de la respiration qui provoque une vibration des cordes vocales, ce qui détermine la nature des sons produits. Le premier propos de notre thèse est de chercher à détecter la fréquence fondamentale afin de décider si le son produit est voisé ou non voisé. Le chapitre suivant présente les algorithmes de suivi de pitch que nous proposons ainsi que leur évaluation réalisée à l'aide de deux bases de données internationales.

DÉTECTION DU FONDAMENTAL DE LA PAROLE

Sommaire

Ce chapitre concerne la mise en œuvre d'un algorithme de détection de la fréquence fondamentale de la parole en temps réel pour des signaux de parole. La détermination de la fréquence fondamentale sera aussi étudiée dans le but de décider si une région est voisée ou pas, afin de réaliser un algorithme général de suivi de pitch.

2.1 Pitch vs fréquence fondamentale

La fréquence fondamentale $F0$ et le pitch ont une relation physiologique bien connue. Le pitch de la voix humaine est l'un des attributs acoustiques les plus facilement et rapidement maîtrisés. Il joue un rôle central dans, à la fois, la production et la perception de la parole. Le pitch est la fréquence fondamentale perçue par l'oreille. Cette fréquence donne des informations d'intonation de la phrase orale et aussi beaucoup d'informations concernant le locuteur.

2.1.1 Fréquence fondamentale

La fréquence fondamentale $F0$ est la fréquence de vibration des cordes vocales. Dans le domaine temporel, c'est la période d'un signal voisé à un instant donné. Cette fréquence fondamentale nous donne un indice sur le pitch du signal vocal. $F0$ représente un indicateur émotionnel et est considérée comme étant la quantité à estimer par un algorithme de détection du pitch.

Pour le signal de parole, sa fréquence fondamentale n'est rien d'autre que la fréquence du cycle d'ouverture/fermeture des cordes vocales, déterminée par la tension des muscles qui contrôlent celles-ci.

La plage de variation moyenne de cette fréquence varie d'un locuteur à un autre en fonction de son âge et de son sexe. Elle s'étend approximativement de 80 à 200 Hz chez les hommes, de 150 à 450 Hz chez les femmes, et de 200 à 600 Hz chez les enfants (Boite *et al.*, 2000). La détection de $F0$ joue un rôle essentiel dans le domaine de traitement de la parole et doit être, si possible, pour les applications modernes, calculée en temps réel.

2.1.2 Pitch

C'est grâce au pitch que nous pouvons séparer les différentes phrases d'un message, ou encore que nous pouvons discerner plusieurs parties dans une même phrase. Il est aussi l'indice majeur de l'intonation ; donc il joue un rôle extrêmement important dans la segmentation des informations contenues dans un message.

Le pitch, ou plutôt les variations du pitch, nous donnent également des informations sur l'émotivité d'un locuteur. C'est grâce à lui que l'on distingue une affirmation d'une interrogation ou d'un ordre. Il est également l'indice de la mélodie de la voix, c'est l'un des paramètres sur lequel nous pouvons agir dans certains cas pour donner plus de naturel aux voix pathologiques. Dans certaines langues étrangères (le chinois par exemple), sa variation code l'information directement. Cette variation est imposée par la langue et parfois peut différencier deux mots qui se prononcent de la même façon à la seule différence près que la variation du pitch est différente. Enfin en musique, on peut jouer sur ce paramètre pour corriger les imperfections vocales ou les fausses notes de certains chanteurs.

La détection du pitch rencontre certains problèmes importants, dont nous citons :

– la variation de la fréquence fondamentale $F0$ dans le temps (où le suivi de pitch en temps réel est encore difficile mais nécessaire) ;
– l'apparition d'harmoniques qui faussent la détection ;
– la difficulté de réaliser la décision voisée/non voisée dans les contours de pitch.

2.2 Algorithmes de détection du pitch : état de l'art

Le problème de la détermination de $F0$ a été approché par le développement d'un algorithme précis de détermination de pitch.

Au fil des années, le processus de suivi du pitch a occupé un large champ d'applications et a préoccupé de nombreux chercheurs à creuser dans le domaine de détection du pitch, que ce soit dans le domaine temporel (Gold et Rabiner, 1969; Philips, 1985; Mahadevan et Espy-Wilson, 2011; Medan *et al.*, 1991; Secrest et Doddington, 1983; Bagshaw *et al.*, 1993), dans le domaine fréquentiel (Noll, 1967, 1969; Schroeder, 1968), ou encore dans le domaine des ondelettes (multirésolution) (Weiping *et al.*, 2004; Larson, 2005). Un point très important à noter est que les algorithmes de détection du pitch (ADPs ou PDAs en anglais pour Pitch Determination Algorithms), ont conçu une série de techniques sophistiquées pour la décision de voisement (Nakatani *et al.*, 2008; Chu et Alwan, 2009), mais la plupart d'entre eux font appel à un post-traitement (Chu et Alwan, 2012). Récemment, un nouveau défi pour les ADPs consiste à éliminer tout type de techniques de post-traitement afin de respecter le temps réel.

2.2.1 Détection du pitch dans le domaine temporel

Les techniques d'estimation du pitch, dans le domaine temporel, opèrent directement à partir du signal.

2.2.1.1 Analyse par auto-corrélation

L'auto-corrélation temporelle est l'une des méthodes les plus connues de détection du pitch dans un signal de parole (de Cheveigné et Kawahara, 2002; Markel, 1972). Son principal but, dans la plupart des systèmes, est d'aplatir spectralement le signal de manière à éliminer les effets de l'appareil vocal. Bien qu'un grand nombre de méthodes différentes ont été proposées pour la détection du pitch, l'auto-corrélation reste depuis toujours l'une des plus robustes et fiables. L'analyse par auto-corrélation est une méthode basée sur la détection des maximas locaux de la fonction d'auto-corrélation d'un signal vocal (formule 2.1).

$$r(n) = \sum_{i=0}^{N-n-1} s(i)s(n+i) \qquad (2.1)$$

où $s(n)$ est le signal vocal échantillonné et N le nombre d'échantillons.

En cherchant le maximum de cette fonction, nous pouvons en déduire facilement la fréquence fondamentale $F0$.

$$F0 = \frac{Fe}{n_{max}} \qquad (2.2)$$

avec Fe la fréquence d'échantillonnage et $n_{max} = argmax_n(r(n))$ ($argmax$ est l'ensemble des points en lesquels une expression atteint sa valeur maximale).

Cependant, l'inconvénient majeur de l'analyse par auto-corrélation est l'apparition d'harmoniques et de sous-harmoniques de la fréquence $F0$ (figure 2.1). Par conséquent, une approche par auto-corrélation est, dans la plupart du temps, insatisfaisante pour la détermination du pitch.

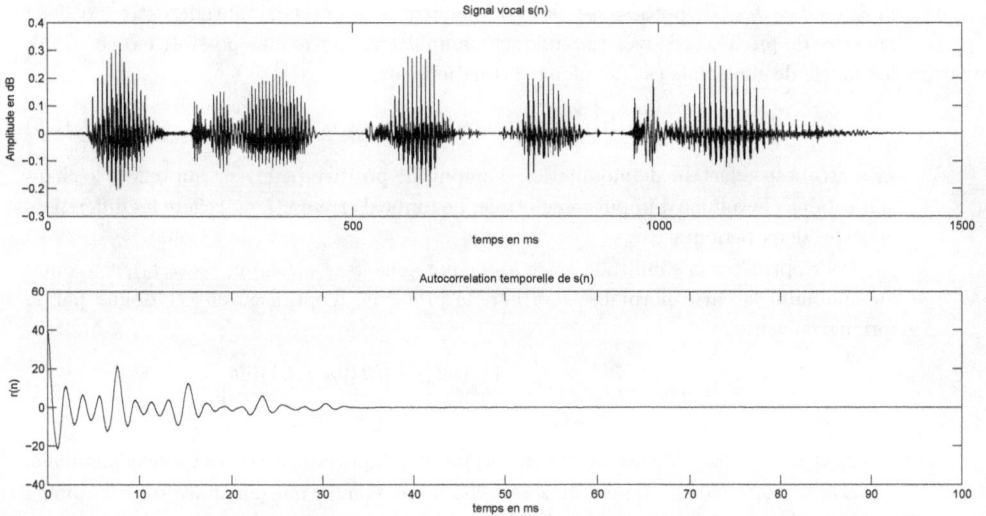

FIGURE 2.1 – Signal vocal $s(n)$ et son auto-corrélation temporelle pour les 100 premières millisecondes.

2.2.1.2 Détection de $F0$ par la méthode de super résolution

La méthode SRPD (Super Resolution Pitch Determination, en anglais), présentée par Yoav Medan (Medan *et al.*, 1991), s'appuie sur l'analyse par auto-corrélation temporelle mais cherche l'existence d'un multiple ou un sous multiple de $F0$, au lieu de $F0$, afin de corriger le point faible de la méthode précédente.

Pour chaque instant t, on définit deux signaux $x_\tau(t, t_0)$ et $y_\tau(t, t_0)$ comme suit :

$$\begin{cases} x_\tau(t, t_0) = s(t)\omega_\tau(t - t_0) \\ y_\tau(t, t_0) = s(t + \tau)\omega_\tau(t - t_0) \end{cases} \tag{2.3}$$

où $s(t)$ désigne le signal de parole, et $\omega_\tau(t)$ est une fenêtre rectangulaire de longueur τ secondes donnée par :

$$\begin{cases} \omega_\tau(t) = 1; & 0 < t < \tau \\ \omega_\tau(t) = 0; & sinon \end{cases} \tag{2.4}$$

La méthode (Medan *et al.*, 1991) suppose que la trame de parole, commence à $t = t_0$ et se compose exactement de deux périodes de pitch de durée $\tau = T_0$; $x_{T0}(t, t_0)$ la première période et $y_{T0}(t, t_0)$ la seconde période, avec T_0 la période du pitch (en secondes) liée à l'instant $t = t_0$. L'hypothèse est faite de manière à ce que la similitude entre ces deux périodes de pitch successives (modulées en amplitude) soit le plus possible élevée. Ainsi, le modèle de similitude est donné par l'équation suivante :

$$x_{T0}(t, t_0) = a(t_0)y_{T0}(t, t_0) + e(t, t_0) \tag{2.5}$$

avec $a(t_0)$ est le facteur de modulation d'amplitude positive (gain), ce qui reflète le changement dans le volume d'impulsion glottale. Le terme d'erreur $e(t, t_0)$ reflète les différences entre les deux périodes.

Pour optimiser la similitude entre les deux segments $x_{T0}(t, t_0)$ et $y_{T0}(t, t_0)$, et réduire au minimum le carré normalisé d'erreur, le problème d'optimisation est donné par la formule suivante :

$$T_0 = argmin_{\tau, a(t_0)}\left\{\frac{\int_{t_0}^{t_0+\tau}(x_\tau(t, t_0) - a(t_0)y_\tau(t, t_0))^2 dt}{\int_{t_0}^{t_0+\tau}x_\tau(t, t_0)^2 dt}\right\} \tag{2.6}$$

où *argmin* est l'ensemble des points en lesquels une expression atteint sa valeur minimale.

L'optimisation de (2.6) peut donc être considérée comme une maximisation du rapport signal-sur-bruit (selon (Medan *et al.*, 1991), le bruit choisi est un bruit gaussien). Ainsi la fréquence fondamentale $F0$ est déduite comme suit :

$$F0 = \frac{1}{T_0}$$

Le calcul de $F0$ sera réitéré sur la portion $[0, T_0]$ jusqu'à ce qu'on ne trouve plus un nouveau T_0 multiple du précédent (voir figure 2.2).

2.2.1.3 Détection de $F0$ par filtre inverse

La méthode SIFT (Simplified Inverse Filtering Technique), proposée par (Markel, 1972), tente d'éliminer les perturbations dues au troisième niveau de l'appareil phonatoire. En effet, la méthode suppose ici que le signal vocal dont on veut déterminer la fréquence

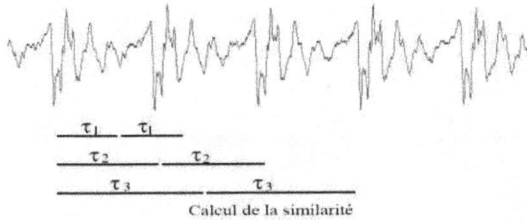

FIGURE 2.2 – Illustration de la méthode : Super Resolution $F0$ Determination (Medan *et al.*, 1991).

fondamentale, passe dans un filtre (à savoir le niveau supra glottique) avant d'être émis. On cherche donc à filtrer le signal reçu par un filtre inverse avant de déterminer $F0$ en maximisant l'auto-corrélation temporelle. La méthode s'intéresse aussi au voisement du signal. En effet, si le signal n'est pas voisé, la $F0$ déterminée n'a aucune réalité physique. La classification voisé/non voisé s'effectue par seuillage sur la $F0$ déterminée. L'avantage principal de l'algorithme SIFT est qu'il est composé d'un nombre relativement restreint d'opérations arithmétiques élémentaires. L'inconvénient de cette méthode est que le filtrage inverse peut supprimer des informations importantes de la source glottique en ne laissant sortir que du bruit blanc. Un autre problème lié à la méthode SIFT peut se présenter dans le cas d'une $F0$ élevée comme par exemple 180 Hz : en effet l'auto-corrélation pourra faire apparaître, dans ce cas, deux pics importants l'un à 180 Hz et l'autre à 90 Hz et fournir par conséquent une fausse détection à 90 Hz.

Selon la figure 2.3, la méthode SIFT suit les étapes suivantes : le signal vocal est, dans un premier temps, soumis a un filtre passe-bas à l'aide d'un filtre FIR (Finite Impulse Response) avec une fréquence de coupure F_c suivi d'un sous-échantillonnage. Une prédiction linéaire (PL) est effectuée sur le signal résultant en utilisant une longueur de trame de 32 ms et un décalage de trame de 12 ms. La prédiction du signal résiduel est obtenue par un filtrage inverse du signal pour donner un signal spectralement aplati. Dans ce signal résiduel, la recherche des pics se limite à une plage de valeurs, qui correspond à une $F0$, entre 40 Hz à 500 Hz. Ces pics doivent dépasser une certaine valeur de seuil pour être pris en compte. Dans le cas contraire, si les deux trames précédentes sont voisées, la valeur maximale courante est comparée à un deuxième seuil inférieur au premier. Si ce seuil est effectivement dépassé, la trame est également classée voisée, sinon, elle est classée non voisée. Quand une trame unique non voisée est détectée entre deux trames voisées, la décision sur cette trame sera changée de non voisée à voisée après un calcul de la moyenne des pics des deux trames voisées adjacentes. Pour augmenter la résolution de la période du pitch estimée, l'auto-corrélation de chaque trame est interpolée de manière

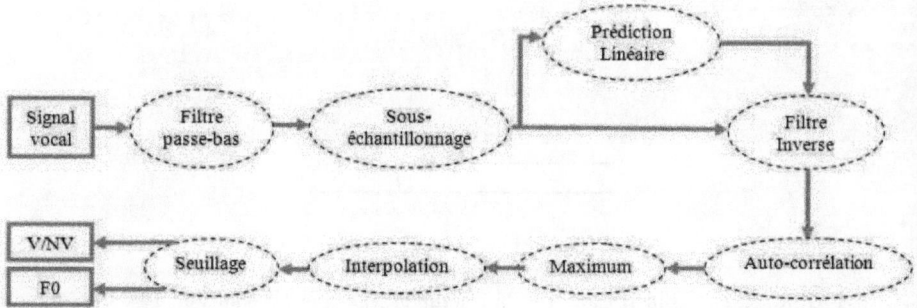

FIGURE 2.3 – Illustration de la méthode : SIFT.

parabolique dans le voisinage du pic principal et de ses deux valeurs adjacentes.

2.2.1.4 Analyse cepstrale

Dans sa forme la plus basique, le système de production de la parole voisée ne se compose que de la source vocale et du conduit vocal. L'analyse cepstrale suppose que le signal source $s(n)$, qui représente les bouffées de l'air périodiques reçues via les cordes vocales, est produit par un signal excitateur $e(n)$ qui traverse un système linéaire passif, qui est le niveau supra glottique, de réponse impulsionnelle $h(n)$. L'algorithme CPD (Cepstrum Pitch Determination) développé par (Noll, 1967) est basé sur l'analyse cepstrale.

$$s(n) = e(n) \otimes h(n) \tag{2.7}$$

où $\otimes$ représente l'opération de convolution.

Afin de connaitre l'évolution du spectre de la parole, l'utilisation de la Transformée de Fourier Rapide (FFT : Fast Fourier Transform) est envisageable :

$$F(k) = \sum_{n=0}^{N-1} s(n) \exp(-j\frac{2\pi}{N}kn) \tag{2.8}$$

où N représente la longueur de la fenêtre d'analyse, $s(n)$ le signal d'entrée et $F(k)$ le $k^{\text{ème}}$ coefficient spectral complexe.

Pour utiliser la transformée de Fourier, il faut un signal périodique, et comme le signal de parole est purement non stationnaire, l'utilisation d'un fenêtrage est nécessaire. Parmi les fenêtres existantes, nous citons comme exemple la fenêtre rectangulaire, triangulaire ou encore celle de Hamming.

La transformée de Fourier, du signal vocal $s(n)$, $F_{mL,\varpi}$ sur une période d'échantillonnage T, sera représentée comme suit :

$$F_{mL,\varpi}(\omega) = \sum_{n=-\infty}^{\infty} s(n)\omega(n - mL)\exp(-j\varpi n) \qquad (2.9)$$

où ω est la fenêtre d'analyse appliquée au signal $s(n)$; L est le décalage temporel (en nombre d'échantillons) entre chaque trame analysée m.

Afin de réaliser une analyse cepstrale, le signal vocal (figure 2.4) peut être séparé des contributions de l'excitation et du conduit vocal selon les étapes du traitement homomorphique (Rabiner et Schafer, 1978; Oppenheim et Schafer, 1968) suivantes :

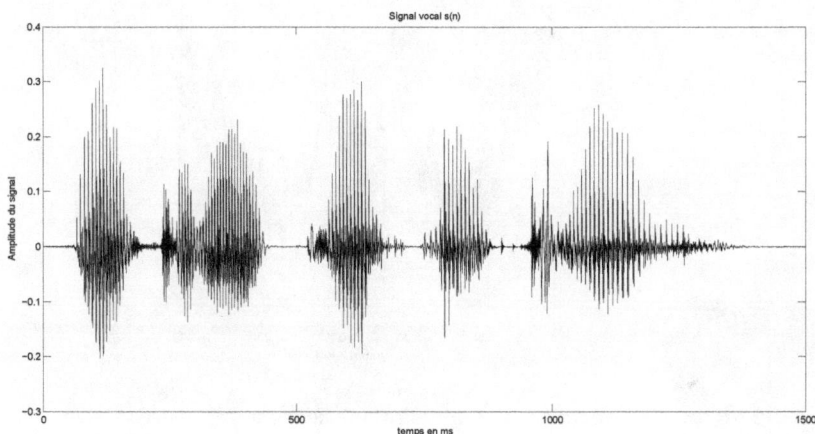

FIGURE 2.4 – Signal vocal.

1. **Transformée de Fourier Rapide (FFT)** : la transformée de Fourier, qui est l'un des outils fondamentaux du traitement du signal, permet le passage de la convolution (formule 2.7) vers une multiplication (formule 2.10) pour obtenir les signaux spectraux.

$$S(f) = E(f).H(f) \qquad (2.10)$$

Ainsi donc, si $E(f)$ est le spectre d'amplitude de l'excitation, $H(f)$ le spectre d'amplitude du conduit vocal, alors le spectre d'amplitude du signal de parole $S(f)$ est égal au produit de $E(f)$ par $H(f)$.

2. **Logarithme :** (Noll, 1967) a proposé une nouvelle fonction dans laquelle les contributions de la source vocale et du conduit vocal sont à peu prés indépendantes ou facilement identifiables et séparables. Le logarihtme de la transformée de Fourier du spectre d'amplitude permet de séparer les effets du conduit vocal et du signal excitatif. La raison de cette séparation est que le logarithme d'un produit est égale à la somme des logarithmes des multiplicandes. Le spectre logarithmique du signal vocal est donné par la formule 2.11 et représenté par la figure 2.5.

$$\log[S(f)] = \log[E(f)] + \log[H(f)] \tag{2.11}$$

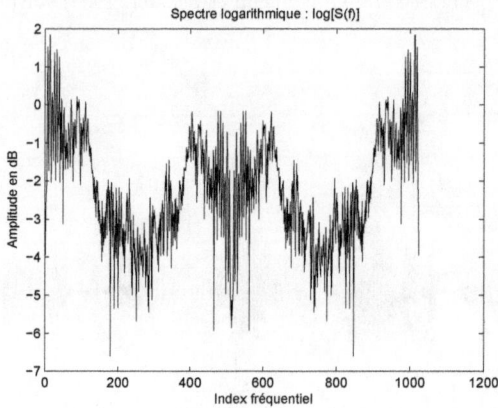

FIGURE 2.5 – Allure du spectre logarithmique d'une trame donnée d'un signal vocal.

3. **Transformée de Fourier Inverse :** par transformation inverse (IFFT Inverse Fast Fourier Transform), nous obtenons le cepstre, qui est une forme duale temporelle du spectre logarithmique.

$$TF^{-1}(\log[S(f)]) = TF^{-1}(\log[E(f)]) + TF^{-1}(\log[H(f)]) \tag{2.12}$$

Après cette transformation, la période du pitch peut être calculée à partir du signal cepstral (figure 2.6), par la détermination de l'index du pic principal du cepstre (hors premiers coefficients).

Le cepstre du signal vocal représente à la fois le cepstre de l'excitation et le cepstre du conduit vocal. La séparation se fait par une simple élimination des premiers coefficients du signal cepstral. En éliminant seulement le premier coefficient, les pics sont plus visibles, comme le montre la figure 2.7.

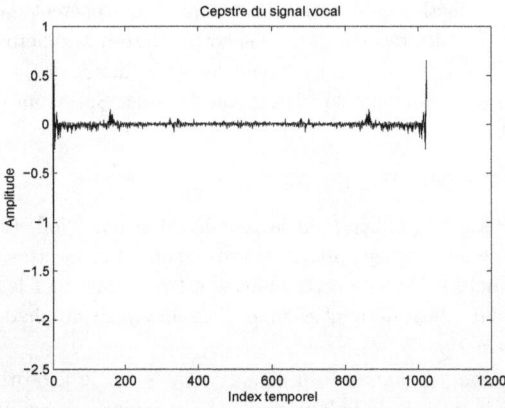

FIGURE 2.6 – Cepstre du signal vocal.

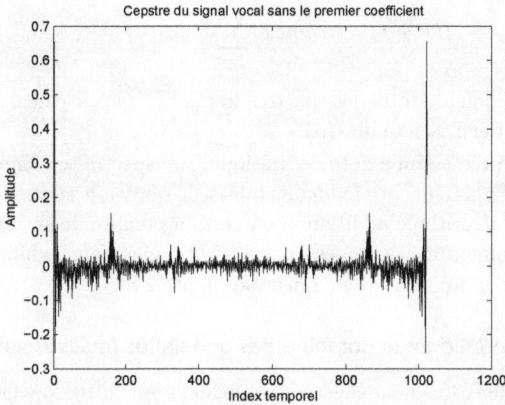

FIGURE 2.7 – Cepstre du signal vocal sans le premier coefficient.

2.2.2 Détection du pitch dans le domaine fréquentiel

Dans le domaine fréquentiel, les détecteurs de pitch supposent que si le signal est périodique dans le domaine temporel, le spectre de fréquence du même signal comportera une série d'impulsions relatives à la fréquence fondamentale et à ses harmoniques.

En dépit de son coût de calcul, la transformée de Fourier a rendu le traitement du signal dans le domaine fréquentiel une réalité pratique. Car cette transformation révèle souvent les caractéristiques d'un signal qui sont presque impossibles à détecter autrement.

Presque toutes les méthodes d'estimation du pitch qui opèrent dans le domaine fréquentiel, présentent des pics répétés dans le spectre. Gareth Middleton a exploité ce fait dans son article sur la correction du pitch, dans lequel il cumule des spectres de fréquence compressés dans un processus appelé : Harmonic Product Spectrum (HPS) (Middleton, 2003).

2.2.2.1 Harmonic Product Spectrum (HPS)

La méthode HPS a été publiée pour la première fois par (Noll, 1969). L'analyse par HPS utilise le sous-échantillonnage, pour extraire de nouveaux spectres, qu'elle multipliera par le spectre d'origine. Le but de cette analyse est de comprimer le spectre, car l'effet cumulatif de cette multiplication peut changer l'emplacement du pic de fréquence afin de placer correctement la $F0$.

Pour chaque trame stationnaire du signal vocal $s(n)$, le logarithme de sa densité spectrale de puissance est calculé le long de l'axe des fréquences sur des facteurs entiers. La valeur logarithmique de l'HPS est obtenue par l'addition du spectre logarithmique original et de ses versions compressées (décimées) :

$$HPS(f) = argmax_f \sum_{k=1}^{R} log|S(kf)|^2 \qquad (2.13)$$

où : R représente le nombre total des spectres impliqués dans le calcul ; $S(kf)$ est la $k^{\text{ème}}$ transformée de Fourier Discrète de $s(n)$.

Si le signal d'entrée est une note de musique, son spectre se compose d'une série de pics, correspondant à la fréquence fondamentale et de ses composantes harmoniques. C'est pourquoi, lorsque l'algorithme additionne un certain nombre de spectres logarithmiques compressés, les sommets harmoniques vont s'additionner pour exhiber au final, un pic proéminent relatif à la fréquence fondamentale (figure 2.8).

2.2.3 Détection de $F0$ dans le domaine des ondelettes (multirésolution)

Le champ d'application des ondelettes (Abdalla et Ali, 2010; Neville et Hussain, 2009; Weiping *et al.*, 2004) est vaste et varié : traitement de la parole, compression d'image et débruitage des signaux vocaux sont des exemples de problèmes traités. Dans cette section, nous nous concentrons sur son utilisation dans le suivi de pitch en temps réel dans les signaux de la parole, en utilisant la transformation en ondelettes. La figure 2.9 représente schématiquement la décomposition multirésolution. La largeur des rectangles, symbolisant les sous-espaces, est proportionnelle à la densité de l'échantillonnage réalisé par la projection du signal dans le sous-espace considéré.

Au cours des dernières années, les algorithmes de détection du pitch ont intensivement introduit la transformée en ondelettes, car elle est bien adaptée au traitement de la parole. La transformée en ondelettes est une analyse multi-échelle qui est bien adaptée à la parole humaine.

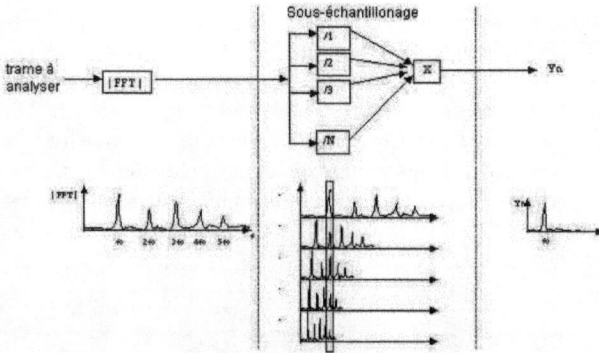

FIGURE 2.8 – L'algorithme HPS (Middleton, 2003).

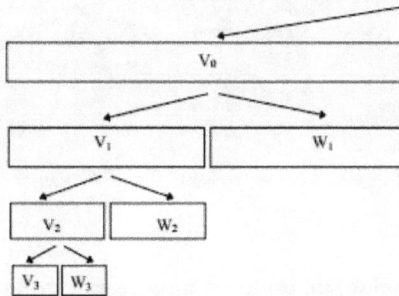

FIGURE 2.9 – Schéma de l'analyse multirésolution (Truchetet, 1998) .

(Kadambe et Boudreaux-Bartels, 1992) ont remarqué que lorsque la période du pitch apparaît sur la courbe du spectre du signal, celle-ci apparaît également dans les coefficients d'approximation de la transformée en ondelettes.

2.2.3.1 ACEP Advanced Cepstrum

La méthode ACEP (Weiping *et al.*, 2004) propose une version améliorée de la méthode cepstrale CPD (Noll, 1967) dans un environnement bruité. L'ACEP réalise l'extraction du pitch en utilisant la transformation en ondelettes et en se basant sur l'analyse cepstrale. L'algorithme met en œuvre un liftrage (Le filtrage en domaine fréquentiel devient liftrage en domaine temporel) afin de supprimer l'influence du conduit vocal. La spécificité de la méthode ACEP est le "clipping" réalisé, qui rejette les composantes de fréquence au delà de 1600 Hz qui peuvent être corrompues par le bruit. Après l'élimination des hautes fréquences, l'algorithme effectue une Transformée de Fourier Inverse (IFFT) pour chaque niveau k de décomposition (2^k échelles) et au lieu de faire correspondre le pitch au maximum global du signal cepstral, la détermination du maximum local pour chaque coefficient d'approximation permet d'obtenir le pitch avec une plus grande précision (Weiping *et al.*, 2004).

La figure 2.10 illustre les étapes suivies par l'algorithme ACEP.

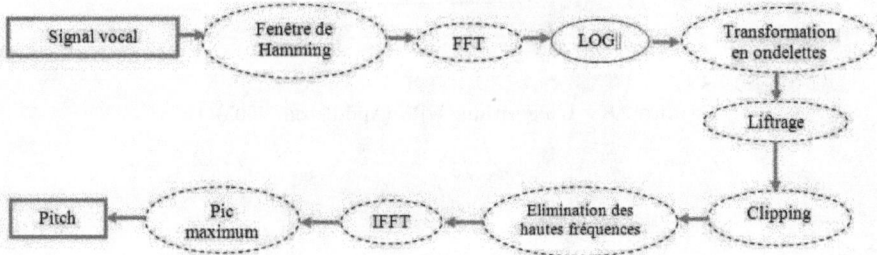

FIGURE 2.10 – Organigramme de l'algorithme ACEP.

2.3 Algorithmes de détection de la fréquence fondamentale proposés

Dans cette section, les algorithmes de détection du fondamental de la parole, que nous avons proposés, sont introduits.

2.3.1 Auto-corrélation circulaire de l'excitation temporelle

L'algorithme de base CATE (Circular Autocorrelation of the Temporal Excitation) développé par (Di Martino et Laprie, 1999), est un algorithme non temps réel dans la mesure où il utilise en post-traitement un algorithme de lissage, du contour du pitch, non temps réel. Les algorithmes de détection du pitch proposés dans notre étude peuvent être décomposés en deux grandes étapes : tout d'abord la détermination du signal d'excitation, puis à partir de celui-ci le calcul de la fréquence fondamentale.

2.3.1.1 Construction du signal CATE

Pour un signal réel $s(n)$, l'auto-corrélation circulaire peut être calculée selon le processus décrit dans la figure 2.11.

FIGURE 2.11 – Auto-corrélation circulaire d'un signal réel $s(n)$.

Le signal CATE qui est à la base de tous nos algorithmes utilise en fait la norme du spectre et non la norme au carré. Mais le résultat obtenu est similaire aussi à une auto-corrélation circulaire : c'est la raison pour laquelle le nom CATE n'a pas été modifié par les inventeurs de cette méthode. Puisque le signal vocal est non stationnaire, les courtes trames temporelles analysées sont fenêtrées par une fenêtre de Hamming dont l'allure est donnée par la figure 2.12.

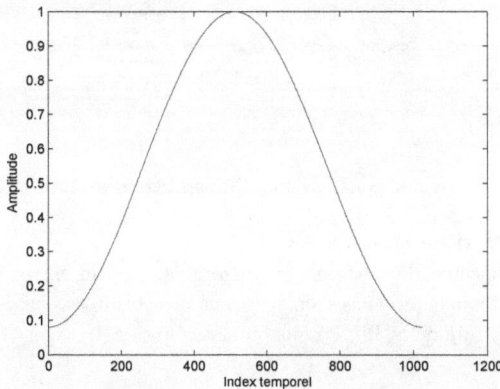

FIGURE 2.12 – Fenêtre de Hamming.

L'idée principale de l'algorithme est de pouvoir manipuler le spectre logarithmique d'excitation (au lieu du spectre brut du signal vocal) qui est obtenu avant FFT par la mise à zéro des premiers coefficients du signal cepstral. Les principales étapes de construction d'un signal d'excitation logarithmiques sont les suivantes :

– **Construction d'un spectre logarithmique :**

Sur un signal vocal fenêtré (par une fenêtre de Hamming), une transformation de Fourier suivie par un calcul logarithmique permet la construction d'un spectre logarithmique (figure 2.13).

FIGURE 2.13 – Étapes de construction d'un spectre logarithmique.

– **Construction d'un spectre d'excitation logarithmique :**
Nous appliquons une Transformée de Fourier Inverse (IFFT) au spectre logarithmique pour obtenir le cepstre réel d'une trame d'analyse donnée (Le spectre en domaine fréquentiel devient cepstre en domaine temporel), suivie par une fenêtre de liftrage, afin de séparer l'excitation de la contribution du conduit vocal : les premiers coefficients cepstraux sont mis à zéro. Ensuite une FFT est appliquée afin d'obtenir le spectre d'excitation logarithmique (figure 2.14).

FIGURE 2.14 – Étapes de construction d'un spectre d'excitation logarithmique.

– **Construction d'un signal CATE :**
En multipliant le spectre d'excitation logarithmique par un filtre passe-bas, nous éliminons, ainsi, les fréquences élevées qui peuvent être bruitées, suivis par un opérateur exponentiel et le module de la IFFT nous obtenons le signal CATE (figure 2.15).

FIGURE 2.15 – Étapes de construction d'un signal CATE.

Comme il est mentionné dans (Larson, 2005), l'élaboration d'un algorithme de suivi de pitch robuste peut faciliter la formation de chanteurs. Avoir la possibilité de fournir une rétroaction en temps réel aux interprètes permettrait d'une part, de voir avec quelle précision ceux-ci chantent, et les aiderait d'autre part, à faire les ajustements appropriés à la volée.

2.3.1.2 Détermination du pitch

Après la construction du signal CATE, la première approche proposée élimine le processus de programmation dynamique utilisé dans l'algorithme de base CATE et permet la mise en œuvre d'un nouvel algorithme en temps réel : l'algorithme eCATE (enhanced CATE) (Bahja *et al.*, 2010a). Le signal eCATE, à partir duquel est déterminée la fréquence fondamentale $F0$, est obtenu par une multiplication du signal CATE par une fenêtre de pondération temporelle donnée par la formule 2.14 (voir figure 2.16).

$$\text{Pondération} = \mid 1 - \cos(2\pi\frac{k}{N}) + j\sin(2\pi\frac{k}{N})\mid^{pond} \tag{2.14}$$

$$= \mid 2(1 - \cos(2\pi\frac{k}{N})\mid^{pond/2}$$

avec :

$$0 \le k \le \frac{N}{2};$$

où N représente la taille de la fenêtre FFT.

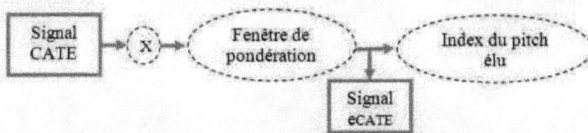

FIGURE 2.16 – Technique de détermination du signal eCATE pour un seul paramètre de pondération *pond*.

Le but principal de l'utilisation de cette fenêtre de pondération est de compenser le phénomène de décroissance des pics harmoniques dans le signal CATE en fonction de leur index (voir figure 2.17).

Expérimentalement, nous avons testé plusieurs valeurs de *pond* dans le signal eCATE, sur un intervalle de]0, 1]. Nous avons observé que la meilleure valeur du paramètre *pond* pour la voix masculine est de 0.55, et de 0.15 pour la voix féminine. Les fenêtres ont l'apparence d'un sinus élevé à une certaine puissance comme indiqué dans la figure 2.18.

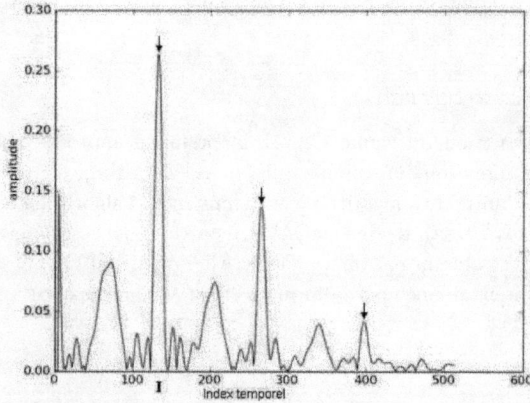

FIGURE 2.17 – Détermination de l'index du pic maximum I (les fréquences harmoniques sont décroissantes et marquées par de petites flèches noires).

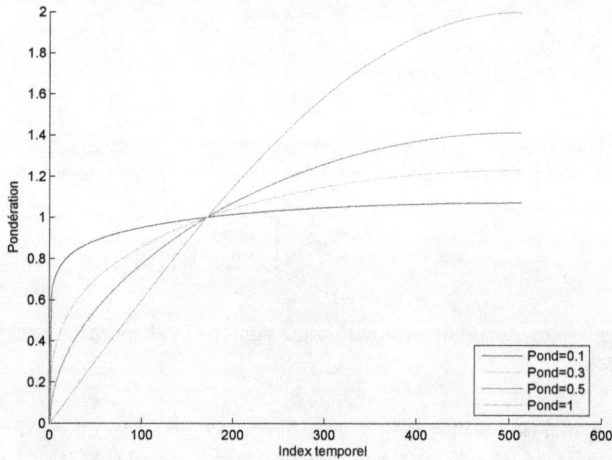

FIGURE 2.18 – Fenêtre de pondération pour différentes valeur de la variable *pond*.

Index du pic unique :   La plus simple des techniques de détermination du pitch consiste à calculer l'index du pic maximum dans le signal proposé. Selon la formule 2.15, la valeur du pitch est donnée par le rapport entre la fréquence d'échantillonnage F_e et l'index du pic maximum I_{max} dans le signal eCATE.

$$Pitch = \frac{F_e}{I_{max}} \tag{2.15}$$

L'index de ce pitch est donc unique et ne donne aucune importance aux harmoniques. Pour apporter une solution à ce problème, nous avons pensé à introduire un vote majoritaire sur plusieurs index possibles.

Vote majoritaire :   Une amélioration de notre première approche eCATE était nécessaire pour rendre celle-ci plus robuste. Afin de permettre une évaluation performante, indépendamment de la base de données utilisée, nous avons développé deux autres algorithmes eCATE+ (Bahja *et al.*, 2010b) et eCATE++ (Bahja *et al.*, 2013) qui sont des algorithmes de suivi de pitch en temps réel. L'amélioration apportée est liée à l'utilisation de plusieurs fenêtres de pondération appliquées au signal CATE afin de fournir différentes valeurs possibles à l'index du $F0$ (voir figure 2.19).

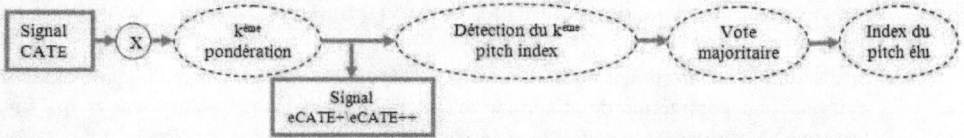

FIGURE 2.19 – La détermination du pitch avec les deux algorithmes eCATE+ et eCATE++.

L'idée derrière l'utilisation d'un vote majoritaire est d'obtenir une valeur de pitch élu parmi différents index candidats du pitch obtenu par différentes fenêtres de rehaussement temporel (voir figure 2.20). Parmi k candidats, l'index du pic maximum qui apparait le plus fréquemment est choisi comme étant le pitch élu (où dans notre étude, $k = 5$). Dans le cas d'une distribution particulière v, où deux index de pitch apparaissent deux fois, comme par exemple, dans $v = [70, 70, 90, 150, 150]$, l'index du pitch élu est donc arbitrairement 70 car il s'agit de la première valeur listée.

2.3.2 Détermination du pitch dans le domaine des ondelettes

Parmi les problèmes de détection du pitch en temps réel rencontrés, nous citons : la variation de la fréquence fondamentale $F0$ dans le temps et l'apparition d'harmoniques qui peuvent fausser le résultat. Le cepstre est couramment utilisé dans les ADPs. Il peut être

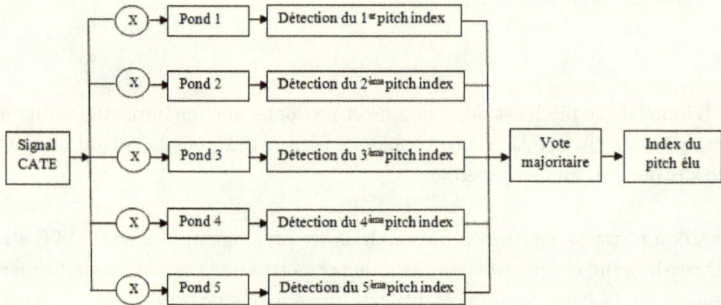

FIGURE 2.20 – Vote majoritaire.

utilisé pour séparer le signal d'excitation (qui contient le pitch) de la fonction de transfert (qui contient les informations du conduit vocal). La transformation en ondelettes discrète peut être appliquée pour débruiter facilement et rapidement un signal. Le but de son utilisation, à la détermination de $F0$, est la manipulation des coefficients d'approximation qui facilitent l'extraction de la période du pitch. Nous allons présenter, dans ce qui suit, les trois algorithmes que nous avons développés, en domaine des ondelettes.

2.3.2.1 Transformation en ondelettes par DWT : coefficients d'approximation non lissés

La DWT (Discret Wavelet Transform) est une transformation en ondelettes discrètes calculée par deux filtres successifs : un filtre passe-bas et un filtre passe-haut, comme indiqué dans la figure 2.21. À chaque niveau de décomposition, le filtre passe-haut, suivi d'un sous-échantillonnage, produit des coefficients de détail cD, tandis que le filtre passe-bas (toujours suivi par un sous-échantillonnage) produit des coefficients d'approximation cA. Par ailleurs, à chaque niveau de décomposition, le filtre passe-bas, demi-bande, produit un signal qui ne couvre que la moitié de la bande de fréquence, la rendant chaque fois plus petite.

Le rôle de la DWT est de diviser le signal en sous-bandes. Les propriétés de la DWT sont :
- la DWT est un cas particulier de la décomposition multirésolution, grâce à l'utilisation de filtres sous-bande.
- cette transformée décompose le signal en un ensemble d'ondelettes mutuellement orthogonales.

Le premier algorithme que nous proposons dans notre étude est l'algorithme WCEPD

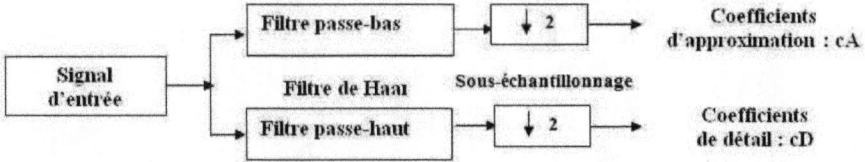

FIGURE 2.21 – Transformation unidimensionnelle par DWT.

(pour Wavelet and Cepstrum Excitation for Pitch Determination, en anglais). Son principal objectif, décrit dans cette section, est la détermination du pitch, depuis le cepstre d'excitation (les étapes de construction de ce signal sont fournies par la figure 2.14), à base d'une transformation en ondelettes discrètes (Bahja *et al.*, 2012a).

Parmi les problèmes rencontrés dans la détection du pitch, décrits dans la section 2.1, nous pouvons rappeler celui relatif à la variation du $F0$ en fonction du temps et celui relatif à l'apparition d'harmoniques qui peuvent fausser la détection. L'algorithme WCEPD essaye de résoudre ces problèmes. Cette transformation en ondelettes discrète à trois niveaux de décomposition, sur le cepstre d'excitation (voir figure 2.22), permet d'extraire l'index du pitch maximum élu parmi trois candidats dont les coefficients d'approximation(cA1, cA2 et cA3 selon la figure 2.23).

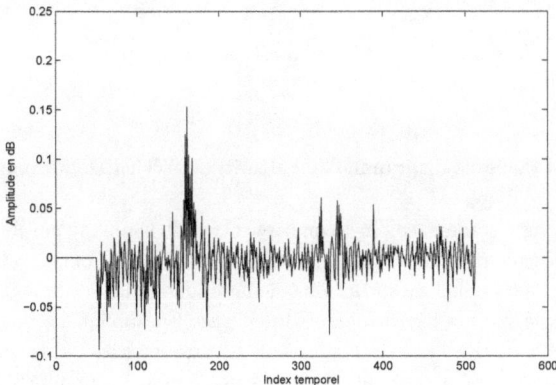

FIGURE 2.22 – Cepstre d'excitation logarithmique.

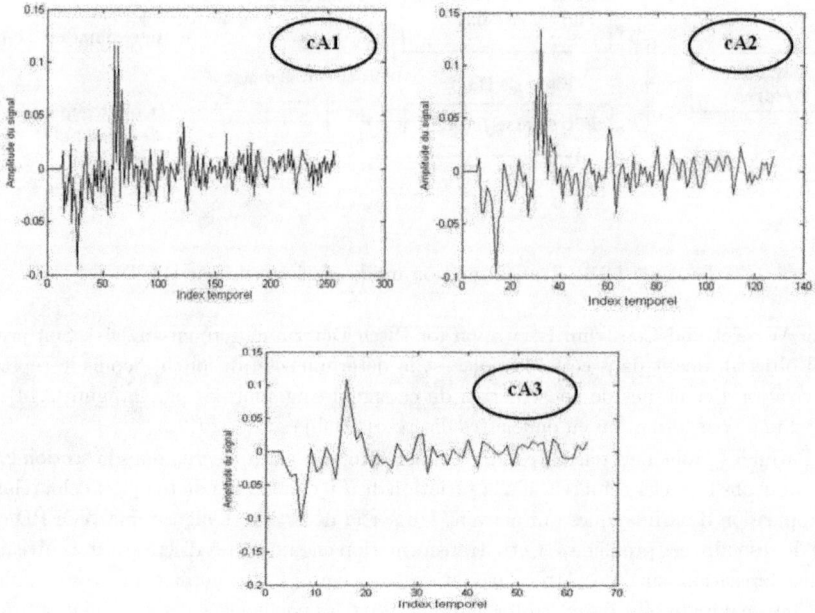

FIGURE 2.23 – Coefficients d'approximation cA, non lissés, pour trois niveaux de décomposition par DWT.

La figure 2.24 donne le diagramme de l'algorithme WCEPD, qui regroupe les étapes suivantes :

La première étape commence par la multiplication du signal de parole par une fenêtre de Hamming de longueur 1024, suivie d'une transformation de Fourier rapide (FFT) et le calcul du module de ce signal de sortie. En calculant le logarithme du signal ainsi obtenu, nous avons, donc, le spectre logarithmique de Fourier. En appliquant une transformée de Fourier rapide inverse (IFFT), nous obtenons le cepstre logarithmique réel lié à la trame analysée. À partir du signal cepstral, nous mettons à zéro les premiers coefficients (qui représentent le conduit vocal, dans notre étude, nous éliminons les 27 premiers coefficients) et nous obtenons le cepstre d'excitation. La deuxième étape concerne la détection de la période du pitch. Une décomposition en ondelettes DWT à trois niveaux est appliquée au cepstre d'excitation obtenu dans la première étape. Ensuite, nous cherchons l'index du pic maximum local dans le cepstre d'excitation à partir des 3 niveaux des coefficients d'approximation (non lissés), afin d'en extraire l'index du pic global. Dans ce cas le pitch élu est le rapport entre la fréquence d'échantillonnage et l'index du pic global.

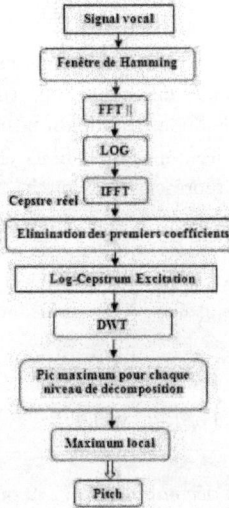

FIGURE 2.24 – Diagramme de l'algorithme proposé : WCEPD.

2.3.2.2 Transformation en ondelettes par DWT : coefficients d'approximation lissés

Les étapes de détermination du $F0$ dans cette approche consistent en l'extraction du cepstre logarithmique et l'application sur celui-ci d'une décomposition par DWT en trois niveaux afin d'obtenir les signaux d'approximation. Ces signaux seront lissés à l'aide d'une technique de seuillage nommée VisuShrink (Donoho et Johnstone, 1995).

La littérature propose plusieurs méthodes pour le débruitage du signal telles que VisuShrink (Donoho et Johnstone, 1995), SureShrink (Donoho *et al.*, 1995) et BayesShrink (Chang *et al.*, 2000). Pour réduire le bruit dans un signal, il est nécessaire d'avoir une estimation de la variance σ^2 de ce bruit. Dans notre approche, nous utilisons la méthode VisuShrink pour sa simplicité et son efficacité. Le but d'utiliser le seuillage Visushrink est de minimiser la probabilité qu'un échantillon de bruit soit supérieur à un seuil donné. Ce seuil est donné par la formule 2.16 :

$$\sigma = \frac{median(|cA|)}{0.6745} \tag{2.16}$$

Le facteur 0.6745 est utilisé afin d'avoir un estimateur adapté pour l'écart-type σ.

(Donoho *et al.*, 1995) ont proposé un seuil universel à utiliser dans la méthode VisuShrink :

$$T1 = \sigma\sqrt{2\log N} \tag{2.17}$$

où N est la longueur de la fenêtre d'analyse à chaque niveau.

Une recherche exhaustive des pics maximaux à partir des coefficients d'approximation lissés permet une estimation facile de la période du pitch (figure 2.25).

Parmi les trois niveaux de décomposition, nous choisissons le maximum des trois maxima (figure 2.26). Ce pic élu représentera le pitch.

Il existe deux types de seuillage :
– un seuillage dur (voir figure 2.27) qui supprime tous les coefficients inférieurs au seuil $T1$ comme indiqué dans la formule 2.18. Ceci est dû à l'idée que ces coefficients correspondent à un bruit plutôt qu'à une information importante du signal.

$$\begin{cases} \textbf{Si } |cA[i][k]| <= T1 : \\ cA[i][k] = 0.0 \end{cases} \tag{2.18}$$

où :
– i représente le niveau de décomposition (1, 2 ou 3) ;
– k est l'indice d'un coefficient particulier de $cA[i]$;
– $T1$ est le seuil universel (équation 2.17).
– Un seuillage doux (voir figure 2.28) qui diminue la valeur absolue des coefficients par la valeur du seuil $T1$ (formule 2.19).

$$\begin{cases} \textbf{Si } |cA[i][k]| <= T1 : \\ \quad cA[i][k] = 0.0 \\ \textbf{sinon :} \\ \quad cA[i][k] = cA[i][k] - signe(cA[i][k]) \times T1 \end{cases} \tag{2.19}$$

Dans notre approche, nous optons pour la technique de seuillage dur, car il réduit l'erreur d'estimation dans chaque coefficient et laisse intact les coefficients d'approximation au dessus du seuil $T1$. De cette façon, la composante apériodique de l'excitation, qui est due au bruit d'aspiration et au bruit ambiant est éliminée tout en conservant les variations lente et rapide de la forme d'onde sous-jacente. Ceci est possible en raison de la propriété de compacité des ondelettes (c'est à dire la localisation dans le temps). Ainsi, notre approche consiste en la recherche de la période du pitch dans les coefficients d'approximations lissés.

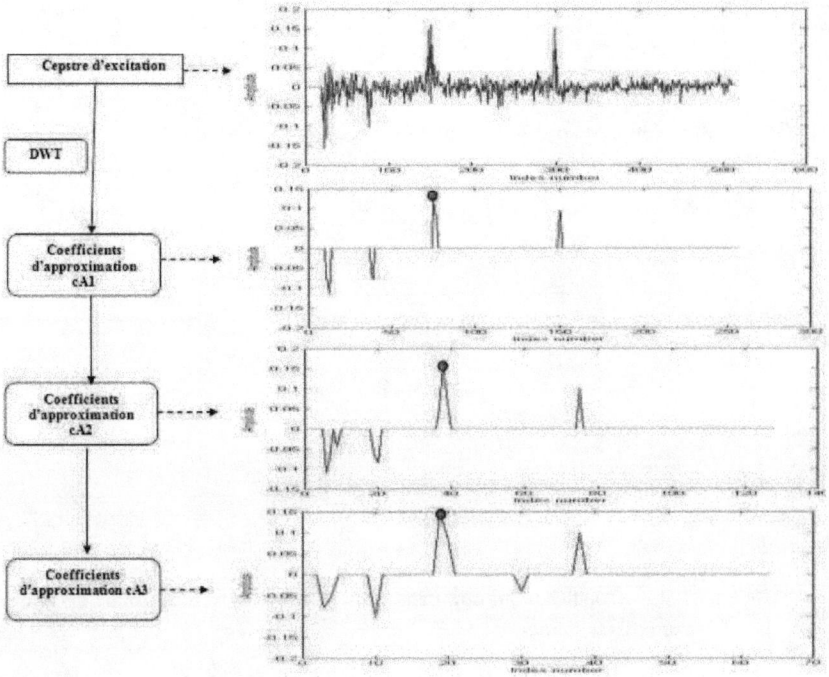

FIGURE 2.25 – Coefficients d'approximation lissés *cA* pour trois niveaux de décomposition.

2.3.2.3 DT-CWT

La DT-CWT (Dual Tree Complex Wavelet Transform) propose une autre façon de générer une représentation temps-échelle. La transformée en DT-CWT a été utilisée avec succès dans de nombreuses applications du traitement du signal et d'image (Kingsbury *et al.*, 2004; Kwitt *et al.*, 2009; Miller *et al.*, 2005; Miller et Kingsbury, 2008; Nelson *et al.*, 2008). Cette transformée est considérée comme une variante de la transformée en DWT classique. Elle consiste à faire l'analyse du signal par deux arbres de DWT différents. Kingsbury a introduit dans (Kingsbury, 1998a) et (Kingsbury, 1998b) une transformée en ondelettes complexe qui permet une reconstruction exacte du signal. Cette transformation a pour

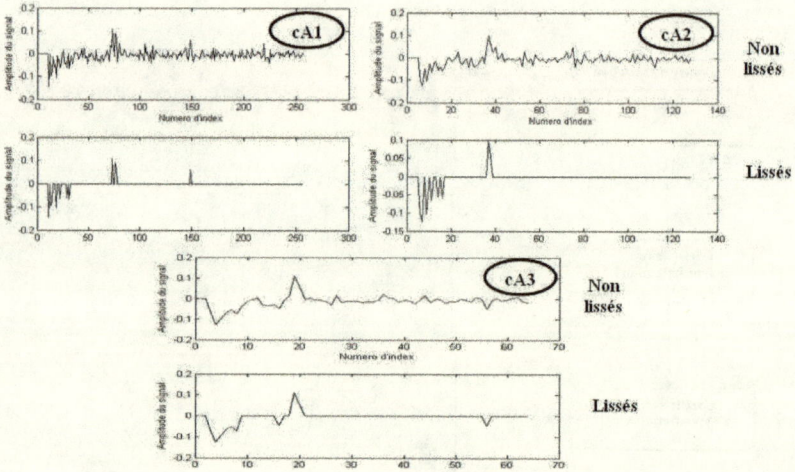

FIGURE 2.26 – Coefficients d'approximation cA pour trois niveaux de décomposition, par DWT, sans et avec lissage.

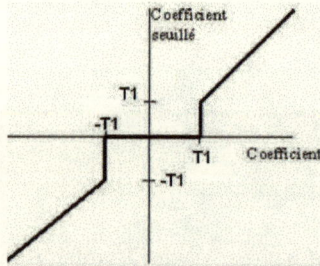

FIGURE 2.27 – Courbe de seuillage dur (Ardon *et al.*, 2001).

propriété d'être pratiquement invariante par translation. L'invariance par translation peut être obtenue, avec une transformation bi-orthogonale, par double échantillonnage à chaque niveau de décomposition. Kingsbury a proposé d'obtenir la translation quasi-invariante

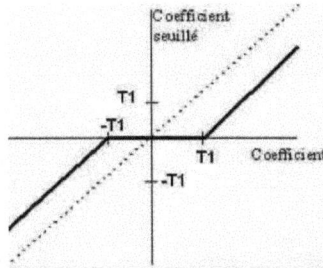

FIGURE 2.28 – Courbe de seuillage doux (Ardon *et al.*, 2001).

par un double échantillonnage au premier niveau, puis en utilisant les filtres et les différents sous-échantillonnage pour deux arbres de décomposition. Les coefficients de chaque échelle sont combinés pour former des coefficients complexes. Au premier niveau, les deux arbres sont décalés d'un échantillon. Le premier est formé par des coefficients pairs et l'autre par des coefficients impairs. Chaque arbre est décomposé par un filtre passe-bas réel de longueur impaire et un filtre passe-haut complexe de longueur impaire. Pour les autres niveaux, les deux arbres sont décalés d'un demi-échantillon. La transformation d'un signal complexe est fournie avec deux décompositions distinctes en DWT (arbre A et arbre B). La figure 2.29 montre un niveau de décomposition en ondelettes par DT-CWT. Le rôle de ces deux arbres est de produire respectivement des coefficients réels et des coefficients imaginaires.

Les propriétés du DT-CWT sont :
– l'invariance par translation, contrairement à la DWT, une faible translation du signal peut induire de forte variations des coefficients en ondelette : Ceci pose le problème de non invariance par translation temporelle de la DWT ;
– la décomposition est directionnellement sélective en deux dimensions supérieures ;
– la multidimension est non séparable.

Les mêmes étapes de décomposition sont utilisées avec la décomposition par DT-CWT. Sauf que cette décomposition contient à la fois de l'information sur la partie réelle et imaginaire. Dans notre approche, nous nous intéressons seulement à la partie réelle. Avec une DT-CWT à trois niveaux, nous cherchons l'index du pic maximum dans le signal issu du filtre passe-bas réel à chaque niveau de décomposition du cepstre d'excitation logarithmique. Le schéma est représenté dans la figure 2.30 :

Selon la figure 2.30, la décomposition en DT-CWT fournit un meilleur lissage des coefficients d'approximation par rapport à la décomposition par DWT. ceci est dû à sa propriété d'invariance par translation. En appliquant la technique de débruitage à la transformation par la DT-CWT, le lissage est meilleur grâce à sa propriété, qui est l'inva-

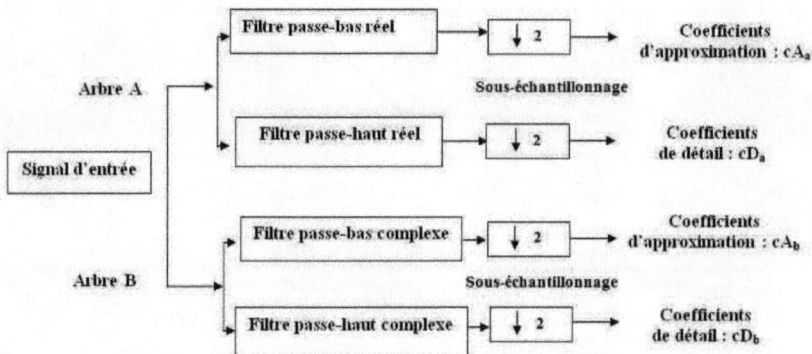

FIGURE 2.29 – Transformation unidimensionnelle par DT-CWT.

riance par translation, contrairement à la DWT. donc, si nous appliquons une méthode de débruitage à cette transformation, les résultats peuvent être différent. Pour pallier cet inconvénient, nous utilisons la décomposition DT-CWT, qui est invariante par translation. Les résultats expérimentaux montrent l'influence de cette propriété.

2.4 Décision de voisement

Dans cette section, nous présentons une technique intelligente et facile pour réaliser la décision du voisement conçue pour le temps réel et qui utilise seules les trames qui précèdent la trame courante à analyser afin de fournir un système de suivi de pitch correct. Dans le signal de parole, la plupart des régions voisées contiennent de l'information pertinente ; mais les régions non voisées, comme par exemple, les silences ou le bruit de fond sont tout à fait indésirables. Cependant, nous devons savoir si le signal présente des pics périodiques (régions voisées : figure 2.31) ou aléatoire (régions non voisées : figure 2.32).

2.4.1 Lissage (non temps réel)

Algorithme de Lissage non linéaire de Ney

L'idée est de choisir parmi les points de départ un sous-ensemble de points formant une courbe suffisamment lisse (figure 2.33) (Ney, 1983). L'algorithme utilise la programmation dynamique pour sélectionner les points d'une courbe de façon optimale de manière à

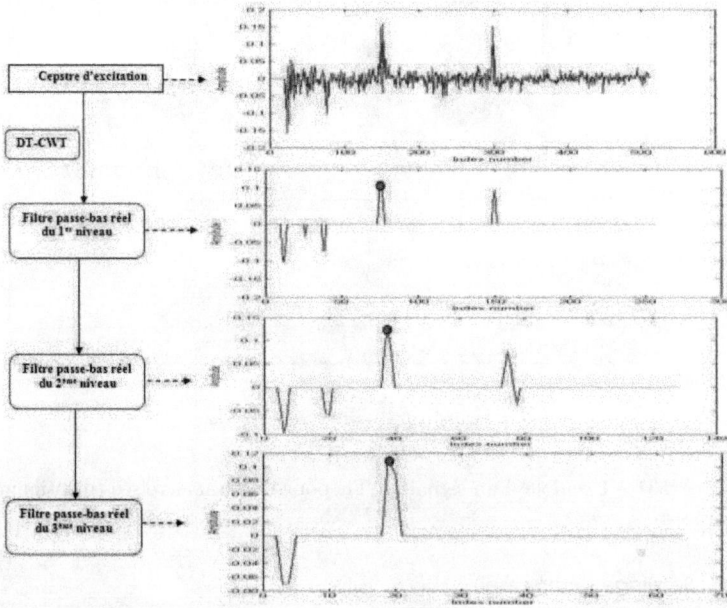

FIGURE 2.30 – Décomposition en trois niveaux par la DT-CWT.

obtenir la courbe lisse voulue. Soit $C = (c(0), c(1), ..., c(N))$ l'ensemble des points de départ, nous cherchons alors un sous ensemble de C tel que :
$\overline{C} = [c(j(k))] = c(j(1)), ...c(j(k)), ..., c(j(K))$ avec $K \leqslant N$ et j est une fonction d'indice strictement croissante : $0 \leqslant j(k) \leqslant j(k+1) \leqslant N$.

L'algorithme cherche une fonction $J = [j(k)]$ qui minimise le critère globale D :

$$D = \sum_{k=1}^{K-1} d(c(j(k)), c(j(k+1))) - B \qquad (2.20)$$

Avec d représente la distance entre deux points et B est le bonus qui empêche la programmation dynamique de fournir un sous ensemble vide comme solution.

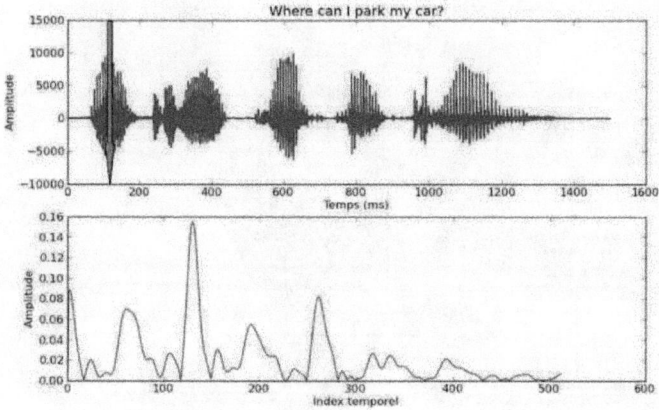

FIGURE 2.31 – Exemple d'un signal CATE pour une trame voisée (mentionnée en flèche rouge).

2.4.2 Seuillage (temps réel)

Un autre défi important qui est nécessaire après la détection du $F0$, consiste à réaliser une décision performante du voisement en temps réel.

Seuil sur les indices du pic maximum

Expérimentalement, nous avons observé que dans les régions voisées, l'index du pic maximum varie lentement. Pour cela, nous présentons le premier seuil concernant cette variation selon la formule 2.21.

$$S(j) = \sum_{k=0}^{K-1} |I_{max}(j-k) - I_{max}(j-k-1)|^{P(k)} \tag{2.21}$$

$$\begin{cases} \textbf{Si } S(j) < T1, \text{la } j^{\text{ème}} \text{ trame est probablement voisée} \\ \textbf{sinon} \text{ la } j^{\text{ème}} \text{ trame est non voisée} \end{cases}$$

où :
- K est le nombre de trames considérées dans S et dépend essentiellement du temps de décalage entre deux trames analysées ;
- $I_{max}(j)$ représente l'index élu du pic maximum dans le signal pour la trame j ;

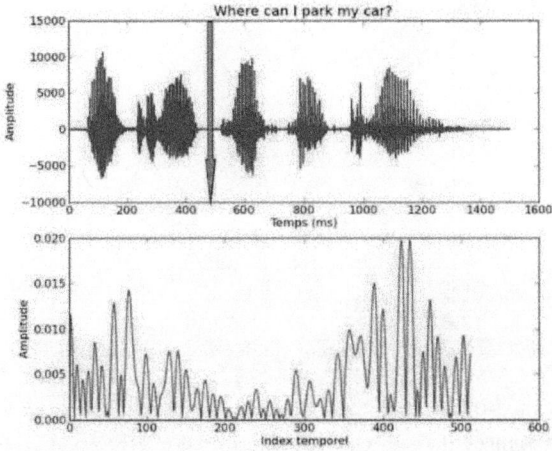

FIGURE 2.32 – Exemple d'un signal CATE dans le cas d'une trame non voisée (mentionnée en flèche rouge).

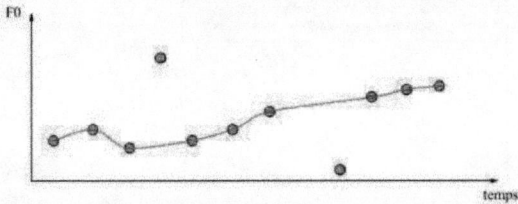

FIGURE 2.33 – Algorithme de lissage non linéaire de Ney.

– P est un facteur de décroissance linéaire qui varie de 1.05 (pour $k = 0$) jusqu'à 0.11 (pour $k = K − 1$) (figure 2.34).
Le paramètre P est introduit afin de minimiser l'impact des trames distantes par rapport à la trame courante.
– $T1$ représente le seuil choisi.
Pour illustrer l'idée sur le seuil sur les indices du pic maximum, la figure 2.35 montre qu'à $K = 5$, pour les algorithmes eCATE / eCATE+, la quantité S dépasse le seuil $T1$,

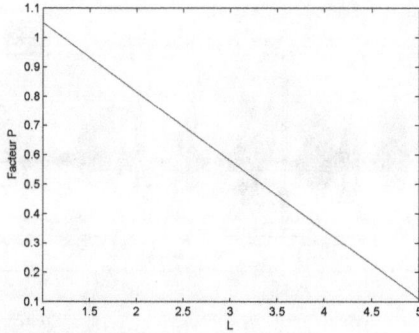

FIGURE 2.34 – Facteur de décroissance linéaire P.

tandis que pour l'algorithme eCATE++, la grandeur S est inférieure à $T1$. Par conséquent, la décision de voisement dans le cas des algorithme eCATE/eCATE+ de cette trame analysée est erronée, alors que pour l'algorithme eCATE++ la classification est correcte. Ainsi, la contribution de la quantité S avec le nouveau facteur linéaire décroissant P, nous a permis d'améliorer la décision du voisement.

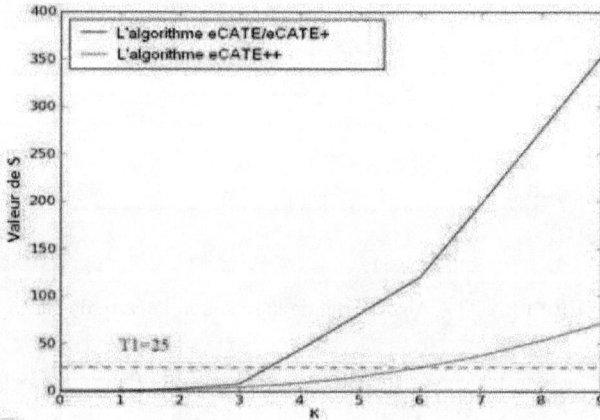

FIGURE 2.35 – Un exemple d'évolution de la quantité S en fonction de K pour une trame voisée d'une voix masculine.

Seuil sur l'énergie

Le critère d'énergie concerne le calcul de l'énergie du signal de la trame d'analyse fenêtrée (par la fenêtre de Hamming), pour mieux décider si la trame est voisée ou non voisée. L'énergie du signal $E(j)$ est définie comme le logarithme de la somme des valeurs au carré des échantillons du signal. Cette énergie est donnée par la formule 2.22 et est illustrée par la figure 2.36.

$$E(j) = log\_Energie(x^j) = 10\log_{10}(\sum_{i=0}^{N-1} x_i^{j^2}) \qquad (2.22)$$

$$\begin{cases} \textbf{Si } log\_Energie(x^j) > T2, \text{la } j^{\text{ème}} \text{ trame est probablement voisée} \\ \textbf{sinon } \text{la } j^{\text{ème}} \text{ trame est non voisée} \end{cases}$$

où N est la longueur des trames d'analyse échantillonnées.

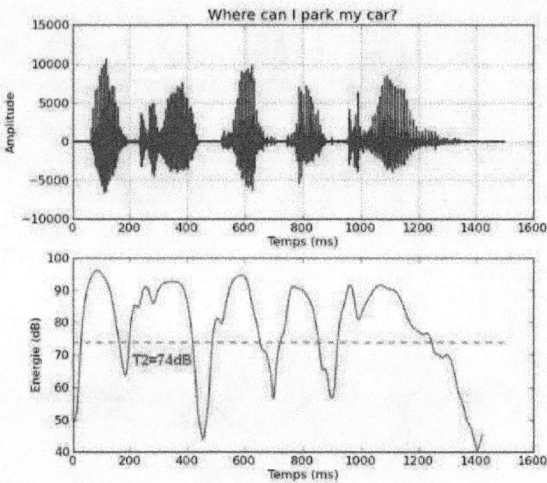

FIGURE 2.36 – (haut) Signal d'entrée ; (bas) la variation du logarithme de l'énergie.

Si le logarithme de l'énergie est inférieur à un seuil donné $T2$, nous supposons que la trame est non voisée ou représentant un silence (voir figure 2.36). Par contre, si la valeur est supérieure à $T2$, la région est considérée comme étant probablement voisée.

Seuillage selon l'amplitude maximale

Expérimentalement, l'amplitude maximale dans le signal eCATE++ $(y(j))$ est assez élevée dans une trame voisée, et assez faible dans une trame non voisée (figure 2.37).

$$\begin{cases} \textbf{Si } C(j) = max(y(j)) > T3, & \text{la } j^{\text{ème}} \text{ trame est probablement voisée} \\ \textbf{sinon } \text{la } j^{\text{ème}} \text{ trame est non voisée} \end{cases} \qquad (2.23)$$

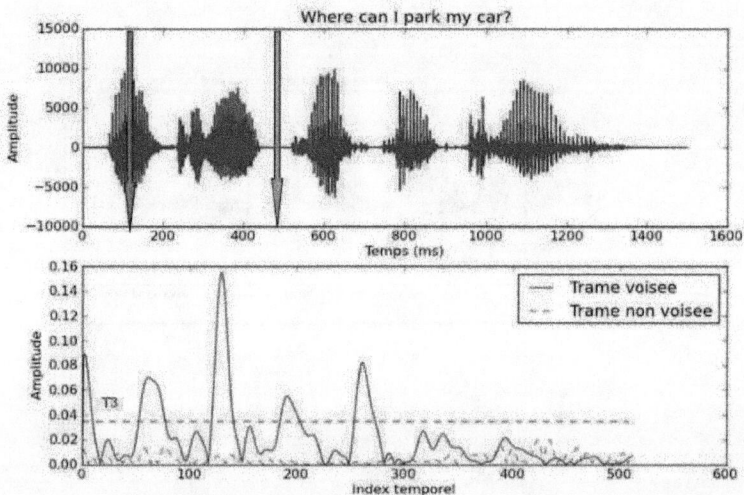

FIGURE 2.37 – Le signal eCATE++ pour une trame voisée (flèche rouge, courbe bleue) et pour une trame non voisée (flèche verte et courbe verte).

La décision sur la classification d'une région voisée/non voisée est vérifiée selon la formule suivante :

$$\begin{cases} \textbf{Si} \begin{cases} S(j) > T1 \\ \text{ou} \\ E(j) < T2 \qquad \Rightarrow Trame \text{ non voisée} \\ \text{ou} \\ C(j) < T3 \end{cases} \\ \textbf{Sinon} \Rightarrow Trame \text{ voisée} \end{cases} \tag{2.24}$$

Expérimentalement pour la base de données de Bagshaw : $T1 = 25$; $T2 = 74dB$; $T3 = 0.035$. Une fois la formule 2.24 est évaluée, nous pouvons facilement estimer la transition entre une région voisée et une région non voisée. Il est plus avantageux d'estimer la valeur de $F0$ pour chaque trame, même dans des régions non voisées, puis d'utiliser des techniques de seuillage afin de détecter les régions non voisées.

2.4.3 Suivi du pitch

Dans le suivi du pitch, de fausses estimations peuvent apparaître par la présence de pics ou de vallées parasites. Lorsque les critères de seuillage échouent, nous corrigerons le contour du pitch en utilisant la technique suivante :

 – **Pour les pics isolés :**
pour éliminer les pics isolés, chaque durée de pic est calculée afin de rejeter toute valeur qui a une durée inférieure à un seuil donné (13.50 ms pour le domaine temporel et le domaine des ondelettes).

 – **Pour les vallées :**
la reconstruction d'une région à période nulle est faite linéairement lorsque la durée de la vallée est inférieure à un seuil donné (20.25 ms).

La technique de suivi du pitch proposée respecte le temps réel en ne manipulant que les trames du passé par rapport à la trame en cours d'analyse, et procure un temps de latence très faible (20.25 ms).

La figure 2.38 montre clairement la contribution de ces deux techniques dans la correction du contour du pitch. Comme mentionné dans cette figure, les pics isolés sont éliminés et les vallées sont visiblement reconstruit. Le pitch de référence fourni par la base de données, dont nous avons évalué les résultats, est mesuré à partir d'un laryngographe. La limitation de cette appareil est qu'il ne peut mesurer une fréquence qu'à partir du moment où les cordes vocales se touchent. Or un signal peut être voisé même si les cordes vocales ne se touchent pas. C'est pourquoi on peut observer des $F0$ calculées par notre algorithme eCATE++, là ou parfois le laryngographe n'en donne aucune. Nous avons là, une source d'erreur que nous pouvons facilement expliquer.

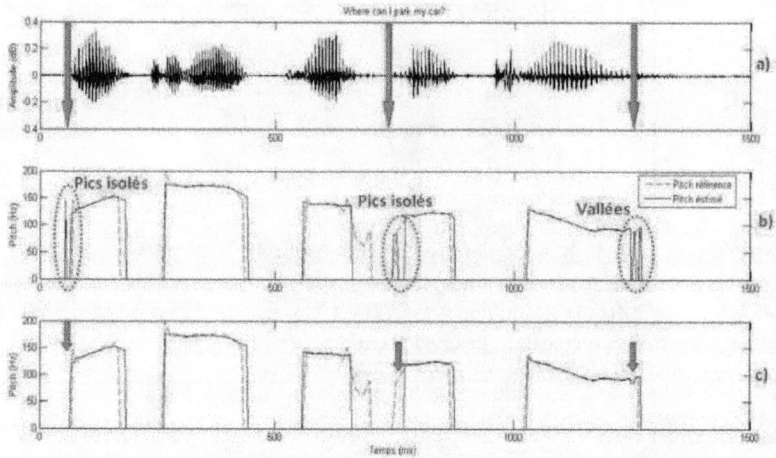

FIGURE 2.38 – Correction du contour du pitch : a) représentation temporelle ; b) avant corrections : le pitch estimé par l'algorithme eCATE++ (courbe noire) et le pitch de référence extrait du corpus masculin de base de données Bagshaw (courbe rouge pointillée) ; c) après corrections.

2.5 Expérimentations

2.5.1 Bases de données

La performance des algorithmes proposés a été évaluée à l'aide de deux bases de données internationales : Bagshaw (Bagshaw *et al.*, 1993) et Keele (Plante *et al.*, 1995).

2.5.1.1 Base de données de Paul Bagshaw

La base de données de Bagshaw fournie par le Centre de recherche "Speech Technology" à l'Université d'Edinburgh comprend :

- 50 phrases, en anglais, prononcées par une femme et un homme ayant une voix normale.
- La fréquence fondamentale a été calculée en estimant la position des impulsions dans les données du laryngographe et en prenant l'inverse de la distance entre chaque paire d'impulsions consécutives. Chaque estimation de le fréquence fondamentale est associée à l'instant du milieu des paires d'impulsions.

– Les contours de pitch sont fournis avec la base de données.

– La fréquence d'échantillonnage utilisée dans cette base de données est de 20 kHz.

– La base contient 0.12 h de parole.

2.5.1.2 *Base de données de Keele*

Cette base de données est fournie par l'Université de Keele, elle comprend :

– 5 hommes et 5 femmes anglophones, chacun d'entre eux lit un texte phonétiquement équilibré "the north-wind story" ;

– la fréquence fondamentale a été estimée à l'aide le l'auto-corrélation sur des fenêtres de 25.6 ms avec un temps de recouvrement (overlapping) de 10 ms ;

– la fréquence d'échantillonnage utilisée dans cette base de données est de 20 kHz.

2.5.2 Définitions des paramètres d'erreur

Afin d'évaluer les algorithmes proposés, nous avons calculé les mesures d'erreur suivantes :

– Erreur non voisée (NV) :

est le pourcentage des régions non voisées qui sont classifiées par erreur comme voisées.

– Erreur voisée (V) :

est le pourcentage de régions voisées qui sont classifiées par erreur comme non voisée.

– GER High (Gross Error Rate High) :

est le pourcentage de trames déclarées voisées par $F0$ estimée par les algorithmes de détection de pitch proposés, qui s'écarte de la valeur de $F0$ de référence de plus de 20% (eq. 2.25). Quand l'erreur est de plus de 20% elle est comptée comme étant un GER High.

$$\frac{F0_{\text{i,estimée}} - F0_{\text{i,référence}}}{F0_{\text{i,référence}}} > 0.2 \qquad (2.25)$$

– GER Low (Gross Error Rate Low) :

est le pourcentage de trames déclarées voisées par $F0$ estimée par les algorithmes de détection de pitch proposés, qui s'écarte de la valeur de $F0$ de référence de plus de 20% (eq. 2.26). Quand l'erreur est inférieure ou égale à -20% de la valeur de référence, elle est considérée comme étant un GER Low.

$$\frac{F0_{\text{i,estimée}} - F0_{\text{i,référence}}}{F0_{\text{i,référence}}} \leq -0.2 \qquad (2.26)$$

– Écart absolu moyen (Mean) :

est la moyenne des différences absolues entre les valeurs du pitch de référence et celles calculées.

– L'écart type (S.dev) :
est l'écart type en Hz entre le pitch de référence et celui détecté.
– Gross Pitch Error : GPE (Chu et Alwan, 2009) :

$$GPE = \frac{N_{F0E}}{N_{vv}} * 100\% \qquad (2.27)$$

avec N_{vv} est le nombre des trames voisées qui sont classifiées correctement et N_{F0E} est le nombre de trames pour lequel :

$|\dfrac{F0_{i,\text{estimée}}}{F0_{i,\text{référence}}} - 1| > 0.2$ où i est le numéro d'une trame quelconque.

– Erreur de classification (Classification Error : CE) :

$$CE = \frac{N_{UV \rightarrow V} + N_{V \rightarrow UV}}{N} \qquad (2.28)$$

où :
• $N_{UV \rightarrow V}$ Erreur : représente le nombre de trames non voisées classifiées comme voisées ;
• $N_{V \rightarrow UV}$ Erreur : représente le nombre de trames voisées classifiées comme non voisées ;
• N est le nombre de trames.

Nous calculons aussi le taux suivant :
– $F0$ Frame Error (FFE) (Chu et Alwan, 2009) :

$$FFE = \frac{N_{vv}}{N_t} * GPE + CE \qquad (2.29)$$

FFE est une combinaison entre GPE et CE.
– Afin de comparer nos méthodes avec les algorithmes utilisant les deux bases de données, nous avons calculé la moyenne MFPE (Mean Fine Pitch Error) : moyenne de l'erreur fine du pitch, qui sert à mesurer le biais de l'estimation de F0 dans le cas où aucune erreur d'estimation brute n'est survenue (Chu et Alwan, 2012) :

$$MFPE = \frac{1}{N_{FE}} \sum_{i \in S_{FE}} \left(F0_{i,\text{estimée}} - F0_{i,\text{référence}} \right) \qquad (2.30)$$

où S_{FE} désigne l'ensemble de toutes les trames pour lesquelles aucune erreur de détection grossière ne s'est produite ;
et $N_{FE} = N_{vv} - N_{F0E}$.

2.5.3 Environnement de programmation

Nous avons implémenté nos algorithmes à l'aide des deux langages de programmation : PYTHON et MATLAB. PYTHON associé avec le package Numpy est un langage générique, portable et efficace pour le traitement du signal (Brown, 2001). PYTHON est disponible en environnement open source. PYTHON est un langage de programmation objet, interprété, multi-paradigme, et multi-plateformes. Il favorise la programmation impérative structurée et orientée objet. Il est doté d'un typage dynamique fort (aucune déclaration de type), d'une gestion automatique de la mémoire par ramasse-miettes et d'un système de gestion d'exceptions.

MATLAB est un langage de programmation de haut niveau et un environnement interactif pour le calcul numérique, la visualisation et la programmation. Après plus de 20 ans de développement, MATLAB a évolué à partir d'une application de calcul matriciel puissant vers un outil de programmation universel largement utilisé au sein des communautés scientifiques et techniques à la fois commerciales et universitaires. Traitement d'image et de vidéo, traitement du signal, système de communications complexes et interfaces d'acquisition de données sont parmi les domaines couverts par MATLAB (Smith, 2006).

2.5.4 Résultats expérimentaux

Pour évaluer les performances des détecteurs de pitch proposés, une comparaison statistique a été réalisée entre le pitch de référence fourni par le laryngographe et le pitch estimé par nos algorithmes.

Concernant les algorithmes que nous avons proposés et qui manipulent le spectre d'excitation logarithmique dans le domaine temporel réel, les résultats sont les suivants : pour ce qui est des deux algorithmes eCATE et eCATE+, qui sont une amélioration de l'algorithme de base CATE, ils présentent des résultats comparables à ceux obtenus par les meilleurs algorithmes répertoriés dans les deux tableaux 2.1 et 2.2. En revanche, l'algorithme eCATE++ est plus efficace que les autres algorithmes de détection de pitch, qu'ils soient en temps réel ou non temps réel.

La meilleure performance réalisée par l'algorithme eCATE++ est la somme des erreurs voisées et des erreurs non voisées avec un total de 14.67 pour le corpus masculin. Concernant le corpus féminin (tableau 2.2), l'algorithme eCATE++ a le taux d'erreur non voisé et l'écart absolu moyen le plus faible, respectivement, avec une valeur de 3.96% et 4.27%. Nous pouvons conclure que l'algorithme eCATE++ est un très bon détecteur temps réel de la fréquence fondamentale.

Les résultats obtenus dans les deux tableaux 2.1 et 2.2, nous ont encouragé à tester et valider notre algorithme eCATE++ sur une nouvelle base de données. Pour cela nous avons décidé d'utiliser la base de données de Keele. Les résultats relatifs à cette base de données sont présentés dans les tableaux 2.3 et 2.4.

TABLE 2.1 – Les résultats expérimentaux pour le corpus masculin dans la base de données de Bagshaw.

ADP	Erreur non voisée NV(%)	Erreur voisée V(%)	NV + V Total	Gross error		Abs-deviation	
				Low (%)	High (%)	Mean (Hz)	S. dev (Hz)
Algorithmes non temps réel							
CPD	18.11	19.89	38.00	4.09	0.64	2.94	3.60
FBPT	**3.73**	13.90	17.63	1.27	0.64	1.86	2.89
HPS	14.11	**7.07**	21.18	5.34	28.15	3.25	3.21
IPTA	9.78	17.45	27.23	1.40	0.83	2.67	3.37
PP	7.69	15.82	23.51	0.22	1.74	2.64	3.01
SRPD	4.05	15.78	19.83	0.62	2.01	1.78	2.46
eSRPD	4.63	12.07	16.70	0.90	0.56	**1.40**	**1.74**
ML-AIC	8.69	7.59	16.28	0.21	0.44	1.60	1.92
Cate	6.13	9.20	**15.33**	**0.16**	**0.21**	1.81	2.81
Algorithmes temps réel							
ALS	**4.20**	11.00	15.20	**0.05**	0.20	–	3.24
eCATE	5.40	11.25	16.65	**0.05**	0.20	1.63	**2.28**
eCATE+	5.38	11.40	16.78	**0.05**	**0.11**	1.63	2.29
eCATE++	6.85	**7.82**	**14.67**	0.27	0.71	1.82	2.91

TABLE 2.2 – Les résultats expérimentaux pour le corpus féminin dans la base de données de Bagshaw.

ADP	Erreur non voisée NV(%)	Erreur voisée V(%)	NV + V Total	Gross error		Abs-deviation	
				Low (%)	High (%)	Mean (Hz)	S. dev (Hz)
Algorithmes non temps réel							
CPD	31.53	22.22	53.75	0.61	3.97	6.39	7.61
FBPT	3.61	12.16	15.77	0.60	3.55	5.40	7.03
HPS	19.10	21.06	40.16	0.46	1.61	4.59	5.31
IPTA	5.70	15.93	21.63	0.53	3.12	4.38	5.35
PP	6.15	13.01	19.16	0.26	3.20	6.11	6.45
SRPD	**2.35**	12.16	14.51	0.39	5.56	4.14	5.51
eSRPD	2.73	9.13	11.86	0.43	**0.23**	4.17	5.13
ML-AIC	4.29	14.40	18.69	**0.06**	2.02	**3.96**	**4.37**
Cate	4.40	**6.96**	**11.36**	0.29	0.37	4.24	5.81
Algorithmes temps réel							
ALS	4.92	**5.58**	**10.50**	0.33	**0.04**	–	6.91
eCATE	4.33	8.80	13.13	0.39	0.45	4.27	5.52
eCATE+	4.92	7.99	12.91	0.41	0.41	4.31	5.60
eCATE++	**3.96**	8.22	12.18	**0.31**	0.39	**4.27**	**5.50**

En ce qui concerne le tableau 2.3 nous pouvons facilement observer que les meilleurs taux d'erreurs ont été obtenus par nos algorithmes (eCATE++/DT-CWT). En ce qui concerne le tableau 2.4 nous pouvons observer que nos algorithmes atteignent d'excellents taux d'erreur.

Le tableau 2.5 récapitule les performances des deux algorithmes eCATE+ et eCATE++ comparées à 6 autres algorithmes de référence (CPD (Noll, 1967), eSRPD (Bagshaw *et al.*, 1993), PRAAT (Krusback et Niederjohn, 1991), YIN (de Cheveigné et Kawahara, 2002), RAPT (Talkin, 1995) et SAFE (Chu et Alwan, 2012)) testés sur les deux bases de données (Keele et Bagshaw).

TABLE 2.3 – Performance des algorithmes de détermination du pitch utilisant la base de données de Keele.

ADP	GPE%	CE %	FFE %
YIN	2.28	6.28	7.23
SWIPE	**0.62**	3.92	4.19
SPM	0.75	3.02	3.31
CSAPM	0.67	2.27	2.59
eCATE+	0.45	0.70	1.51
eCATE++	0.44	**0.65**	1.55
DWT	0.36	0.78	1.41
DT-CWT	**0.33**	0.81	**1.39**

TABLE 2.4 – Taux du GPE pour l'estimation du pitch avec la base de données de Keele.

PDA	Voix masculine	Voix féminine	Total
	GPE (%)		
CEP	3.7	4.2	3.95
PRAAT	2.9	3.3	3.10
YIN	3.5	1.2	2.35
eCATE++	0.48	0.40	0.44
DWT	0.38	0.34	0.36
DT-CWT	**0.37**	**0.30**	**0.33**

Le tableau 2.5 résume les résultats obtenus pour l'algorithme eCATE++ : il est clairement démontré que celui-ci surclasse tous les algorithmes référence testés sur les deux bases de données. Ceci reste vrai aussi pour notre précédente méthode eCATE+.

Concernant nos algorithmes qui détectent le pitch dans le domaine multirésolution, les résultats sont fournis par le tableau 2.6.

L'algorithme proposé exhibe des taux d'erreur compétitifs pour le corpus masculin comme pour le corpus féminin de la base de données Bagshaw. Mais le point fort de celui-

TABLE 2.5 – GPE et MFPE des algorithmes utilisant les deux bases de données Keele et Bagshaw.

PDA	Keele		Bagshaw	
	GPE (%)	MFPE (Hz)	GPE (%)	MFPE (Hz)
CPD	4.20	–	4.65	–
eSRPD	3.90	–	1.40	–
PRAAT	3.22	0.19	2.27	-0.77
YIN	2.35	0.55	2.25	-0.39
RAPT	2.62	0.79	2.45	**-0.06**
SAFE	2.98	-0.36	2.45	-1.39
eCATE+	0.45	-0.05	1.04	-1.69
eCATE++	**0.44**	**-0.03**	**0.81**	-1.67

ci réside dans le "GER High" qui est de 0% pour le corpus masculin. Par ailleurs notre algorithme fonctionne en temps réel et a un temps de latence très faible (13.50 ms).

TABLE 2.6 – CE, GER et Abs-deviation du corpus masculin (en haut) et féminin (en bas) de la base de données de Bagshaw.

Method	CE %	Gross error		Abs-deviation	
		Low (%)	High (%)	Mean (Hz)	S. dev (Hz)
Corpus Masculin					
CEP	0.27	1.11	2.96	3.51	3.76
MCEP	0.23	0.65	0.88	2.41	2.98
ACEP	0.14	1.16	0.25	2.31	3.01
WCEPD	0.11	0.41	0.06	3.15	2.84
eCATE++	**0.08**	0.27	0.71	**1.82**	2.91
DWT	0.13	0.31	0.01	3.01	2.56
DT-CWT	0.16	**0.24**	**0.00**	2.06	**2.29**
Corpus Féminin					
CEP	0.23	1.46	3.07	10.68	9.39
MCEP	0.17	0.99	1.94	8.45	7.89
ACEP	0.10	1.04	0.54	8.38	7.63
WCEPD	0.17	0.54	0.22	10.86	7.29
eCATE++	**0.06**	**0.31**	0.39	**4.27**	5.50
DWT	0.15	0.38	**0.31**	10.37	6.37
DT-CWT	0.14	0.39	**0.22**	6.48	**5.42**

Pour la même phrase ("I'd like to leave this in your safe."), les figures 2.39 et 2.40 illustrent le contour du pitch estimé par les algorithmes eCATE, eCATE+ et eCATE++. Les figures 2.41 et 2.42 illustrent le contour du pitch estimé par les algorithmes WCEPD,

DWT et DT-CWT. La phrase est prononcée respectivement par un locuteur et une locutrice de la base de données de Bagshaw.

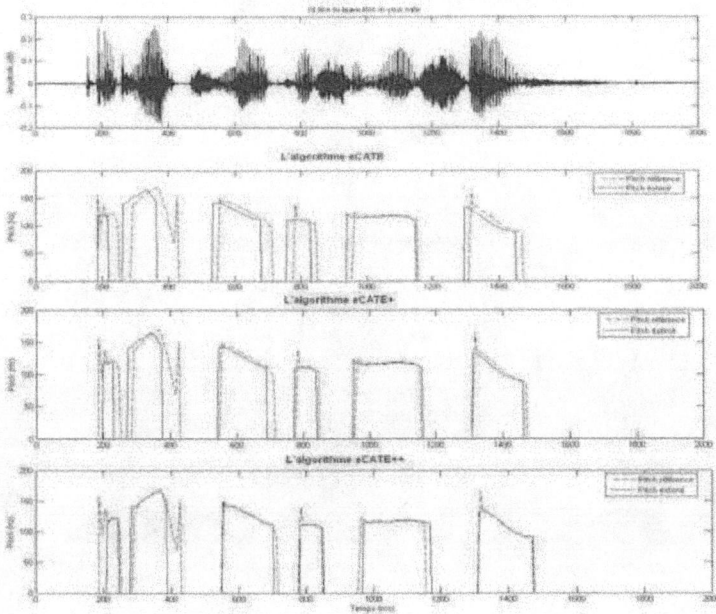

FIGURE 2.39 – Le signal d'entrée (haut) ; le pitch estimé par nos trois algorithmes proposés dans le domaine temporel : eCATE, eCATE+ et eCATE++ (courbe noire), et le contour de référence extrait dans la base de données de Bagshaw d'une voix masculine (courbe rouge pointillée).

2.6 Conclusions

La détection du fondamental de la parole en temps réel et le suivi du pitch avec une bonne décision de voisement sont deux axes essentiels pour la réalisation d'un détecteur de pitch performant. L'originalité des algorithmes proposés réside dans la simplicité et la robustesse des techniques utilisées en temps réel. Concernant l'algorithme de détection de

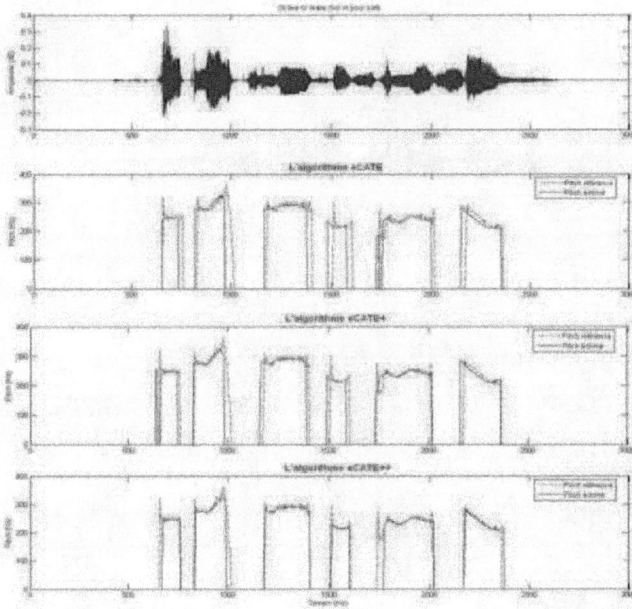

FIGURE 2.40 – Le signal d'entrée (haut) ; le pitch estimé par nos trois algorithmes proposés dans le domaine temporel : eCATE, eCATE+ et eCATE++ (courbe noire), et le contour de référence extrait dans la base de données de Bagshaw d'une voix féminine (courbe rouge pointillée).

$F0$ par auto-corrélation circulaire de l'excitation temporelle, les résultats expérimentaux que nous obtenons, prouvent que l'algorithme eCATE++ est un algorithme de détection de pitch en temps réel très performant. En ce qui concerne la détection de $F0$ par transformation en ondelettes, nous avons présenté trois algorithmes qui ont contribué favorablement à la correction de la période du pitch tout en respectant le temps réel avec une très faible latence.

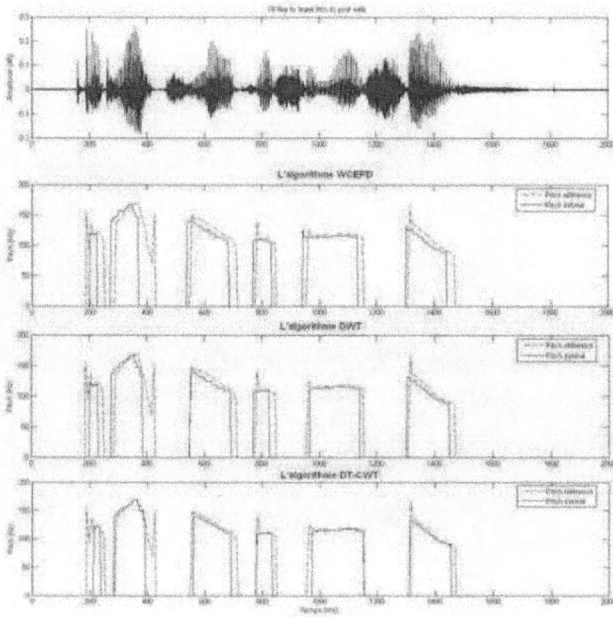

FIGURE 2.41 – Le signal d'entrée (haut) ; le pitch estimé par nos trois algorithmes proposés dans le domaine temporel : WCEPD, DWT et DT-CWT (courbe noire), et le contour de référence extrait dans la base de données de Bagshaw d'une voix masculine (courbe rouge pointillée).

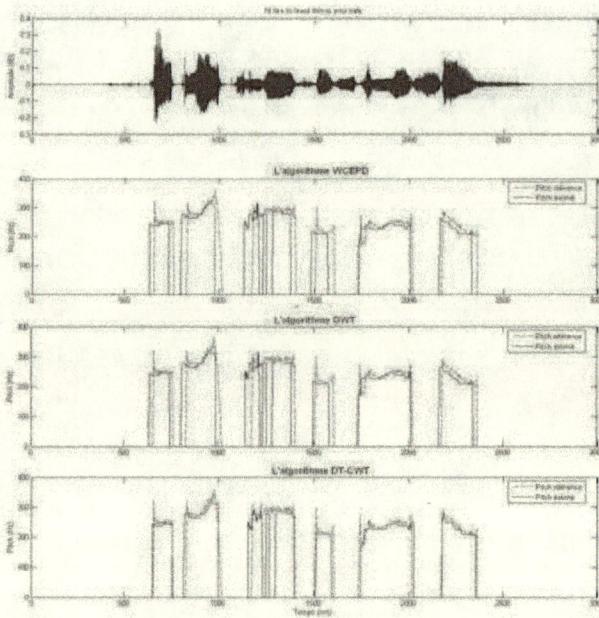

FIGURE 2.42 – Le signal d'entrée (haut) ; le pitch estimé par nos trois algorithmes proposés dans le domaine temporel : WCEPD, DWT et DT-CWT (courbe noire), et le contour de référence extrait dans la base de données de Bagshaw d'une voix féminine (courbe rouge pointillée).

3

LA CONVERSION DE VOIX

Sommaire

3.1 Principes d'un système de conversion de voix

La conversion de voix est une technique permettant de modifier le signal vocal d'un locuteur de référence nommé aussi locuteur source, d'une manière à être perçu à l'écoute, comme si un autre locuteur l'avait prononcé, appelé locuteur cible (figure 3.1).

Le champ d'application de la conversion de voix est vaste et varié, nous pouvons citer : le système de personnalisation Text-To-Speech (TTS) (Stylianou, 1998b; Kain, 2001), la synthèse de la parole (En-najjary, 2005) et l'amélioration de la voix pathologique (Bi et Qi, 1997; Doi *et al.*, 2010; Qi, 1990).

Algorithmes de conversion de voix : principe

Un système de conversion de voix est un système modélisant deux phases principales :

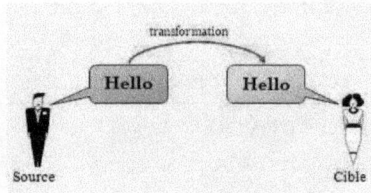

FIGURE 3.1 – Conversion de voix.

– **Une phase d'apprentissage** qui consiste à utiliser les signaux de parole source et cible afin d'estimer une fonction de transformation. Cette phase d'apprentissage nécessite trois étapes principales : la première concerne la mise en place de deux corpus parallèles de voix source et cible dont les phrases prononcées possèdent le même contenu phonétique ; la deuxième concerne l'analyse de ces deux corpus suivant un modèle mathématique pour extraire les paramètres acoustiques qui dépendent du système de conversion ; la troisième composante concerne l'estimation de la fonction de conversion.

– **Une phase de transformation** qui consiste à utiliser la fonction de conversion, précédemment estimée, afin de transformer le signal vocal du locuteur source, de manière à ce qu'il soit perçu comme si le locuteur cible l'avait prononcé.

Dans ce qui suit, nous allons présenter les étapes d'implémentation de notre système de conversion de voix, schématisés par la figure (3.2) suivante :

3.2 Analyse vocale

En traitement du signal, l'analyse vocale permet d'estimer les paramètres du modèle de production de la parole à partir des mesures acoustiques d'un signal vocal.

3.2.1 Alignement temporel dynamique DTW

L'alignement temporel dynamique (algorithme DTW pour Dynamic Time Wraping, en anglais) est un algorithme permettant de mesurer la similarité entre deux séquences de vecteurs qui peuvent ne pas avoir la même longueur.

L'idée principale de la DTW consiste à mettre en correspondance, de manière optimale, un vecteur cepstral source avec un vecteur cepstral cible selon un critère de ressemblance acoustique (figure 3.3). Cet alignement temporel, à l'aide de la DTW, est utilisé par la plupart des systèmes de conversion de la voix [(Abe *et al.*, 1988; Lee *et al.*, 1996; Valbret *et al.*, 1992; Stylianou *et al.*, 1995; Mizuno et Abe, 1995)].

La figure 3.4 illustre un parallélogramme d'alignement temporel où M et N sont les

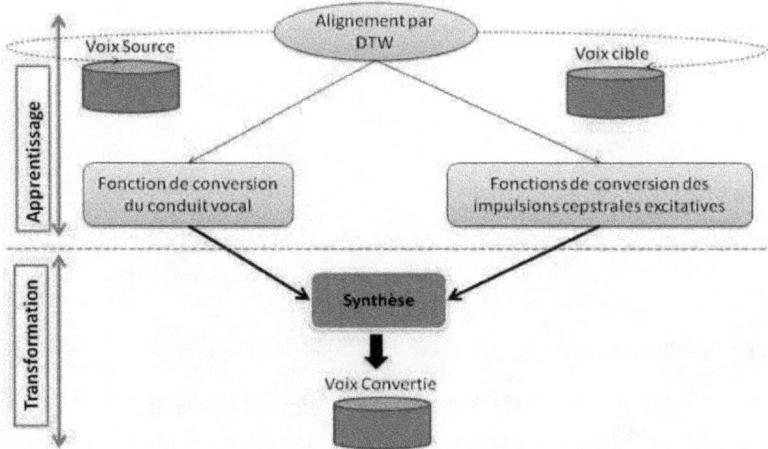

FIGURE 3.2 – Étapes de construction du système de conversion de voix proposé.

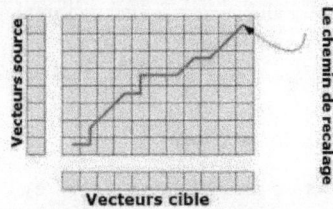

FIGURE 3.3 – Alignement temporel par la DTW décrivant le chemin de similarité entre les vecteurs source et cible.

nombres de trames respectifs des deux modèles spectraux.

Pour chaque couple vecteurs (i, j), on associe trois trajets possibles (figure 3.4) :

1. le trajet 1 passe par les couples vecteurs $(i-2, j-1)$ et $(i-1, j)$;

2. le trajet 2 passe par le couple vecteur $(i-1, j-1)$;

3. le trajet 3 passe par les couples vecteurs $(i-1, j-2)$ et $(i, j-1)$.

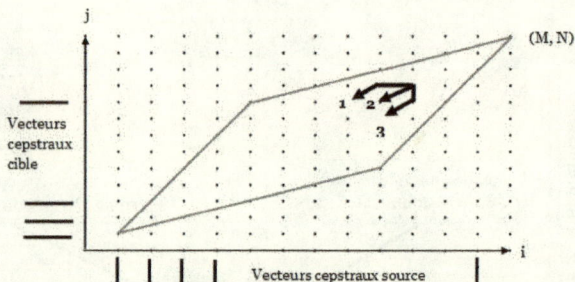

FIGURE 3.4 – Le parallélogramme implicite utilisé dans l'alignement temporel par la DTW (Qi *et al.*, 1995).

En sortie d'une telle procédure d'alignement, nous obtenons une séquence de vecteurs cepstraux source et cible appariés, qui seront ensuite utilisés pour l'estimation de la fonction de transformation.

Dans la littérature, l'implémentation de la fonction de transformation a été réalisé par diverses techniques, nous citons : la quantification vectorielle, les réseaux de neurones (Watanabe *et al.*, 2002), l'alignement fréquentiel dynamique (Valbret *et al.*, 1992), et les modèles de mélanges de gaussiennes (Stylianou *et al.*, 1995; Toth et Black, 2007). Certaines de ces méthodes seront exposées dans la section suivante.

3.2.2 Approche par réseaux de neurones

Un neurone est une fonction algébrique non linéaire et bornée, dont la valeur dépend de paramètres appelés coefficients ou poids. Les variables de cette fonction sont, habituellement, appelées "entrées" du neurone, et la valeur de la fonction est appelée sa "sortie"(Dreyfus *et al.*, 2008) :

$$y = F(\sum_{i=1}^{n} \omega_i s_i + \beta) \tag{3.1}$$

avec :

- s_i sont les vecteurs d'entrés ;
- ω_i sont les paramètres de poids ;
- β est le biais ;
- F est une fonction non linéaire.

Pour l'apprentissage, (Nirmal *et al.*, 2012) utilise le cepstre de la voix source s et celui de la voix cible y, respectivement, comme entrée et sortie du réseau (voir figure 3.5).

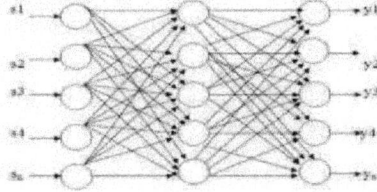

FIGURE 3.5 – Réseau de neurones pour la conversion de voix (Nirmal *et al.*, 2012).

Un réseau de neurones ne dispense pas de bien connaître son problème, de définir ses classes avec pertinence, de ne pas oublier de variables importantes, etc. Enfin, un réseau de neurones est une "boîte noire" qui n'explique pas ses décisions. De plus le temps de calcul nécessaire est généralement très important. Les réseaux de neurones ont une très bonne prédiction statistique, sauf qu'ils sont complètement impossibles à inspecter. La perte partielle de compréhension est compensée par la qualité des prédictions (Virole, 2001).

3.2.3 Quantification vectorielle

La quantification vectorielle VQ (VQ pour Vector Quantization en anglais) est une technique de compression de données avec perte (Reynolds et Rose, 1995; Abe, 1992). La quantification vectorielle est aussi une technique qui permet d'analyser et de décrire une distribution, par une représentation simplifiée. Elle est considérée comme étant une technique d'apprentissage non supervisée, puisque nous demandons simplement au système de décrire ce qu'il reçoit, et non de nous dire ce qu'il doit apprendre. La conception d'un quantificateur vectoriel est considérée comme un problème difficile en raison de la nécessité d'une intégration multi-dimensionnelle. En 1980, Linde, Buzo, et Gray (LBG) ont proposé un algorithme de type VQ basé sur une séquence d'apprentissage. L'utilisation d'une séquence d'apprentissage contourne la nécessité d'une intégration multi-dimensionnelle. Un VQ qui est conçu à l'aide de cet algorithme est mentionné dans la littérature comme une LBG-VQ. Dans la technique de VQ, proposée par (Kain, 2001), chaque vecteur cepstral de la voix source et son vecteur correspondant apparié (par DTW) sont concaténés. Ces vecteurs étendus sont classés selon une LBG (Linde *et al.*, 1980).

La conception de l'algorithme LBG-VQ est une technique itérative qui utilise une méthode de partition : un centroïde initial est défini comme la moyenne de la séquence d'apprentissage. À partir de ce vecteur initial, deux vecteurs très proches de celui-ci sont créés. Un processus itératif permet d'obtenir les deux centroïdes optimaux. À partir de ces deux centroïdes, quatre vecteurs sont créés et l'algorithme est répété jusqu'à ce que le nombre de centroïdes désiré soit obtenu (on parle alors de nombre de classes). L'idée principale de la technique de quantification vectorielle consiste à réaliser une partition de l'espace d'apprentissage de manière à obtenir un dictionnaire, connu sous le nom de "codebook" qui représente au mieux les vecteurs source et cible concaténés de l'espace d'apprentissage.

3.3 La conversion spectrale

Lors de la phase de transformation, nous aurons besoin du dictionnaire obtenu par la quantification vectorielle afin d'estimer les fonctions de conversion probabilistes.

3.3.1 Modèle de Mélanges Gaussiens (GMM)

Soit $x = [x_1, x_2, \cdots, x_M]$ la séquence décrivant les vecteurs cepstraux relatifs à la parole d'un locuteur source d'une succession de sons de parole prononcée par le locuteur source et $y = [y_1, y_2, \cdots, y_N]$ la séquence décrivant les vecteurs cepstraux relatifs à la parole d'un locuteur cible.

Dans la littérature, plusieurs méthodes de conversion vocale ont utilisé la modélisation par GMM (Gaussian Mixtue Model) avec succès afin de fournir des fonctions de classification probabilistes, nous citons (Park et Kim, 2000; Stylianou, 1996b; Valbret, 1992; Werghi *et al.*, 2010). La densité de la distribution des vecteurs x est représentée par la somme des densités gaussiennes multivariées Q, donnée par :

$$p(x) = \sum_{i=1}^{Q} \alpha_i N(x; \mu_i; \Sigma_i), \sum_{i=1}^{Q} \alpha_i = 1, \alpha_i \geq 0 \qquad (3.2)$$

où :

- $N(x; \mu_i; \Sigma_i)$ dénote une distribution gaussienne multidimensionnelle avec une moyenne μ_i et une matrice de covariance Σ_i de la $i^{\text{ème}}$ gaussienne ;
- Q est le nombre total de composantes du mélange gaussien ;
- Les α_i sont les coefficients de pondération de la gaussienne i.

3.3.2 La fonction de conversion

De la distribution de probabilité $N(x; \mu; \Sigma)$ du modèle GMM, la fonction de conversion est estimée avec une régression de la forme suivante :

$$F(x) = E[y/x] = \sum_{i=1}^{Q} h_i(x)[\mu_i^y + \Sigma_i^{yx}(\Sigma_i^{xx})^{-1}(x - \mu_i^x)] \qquad (3.3)$$

avec :

$$h_i(x) = \frac{\alpha_i N(x; \mu_i^x; \Sigma_i^{xx})}{\sum_{j=1}^{Q} \alpha_j N(x; \mu_j^x; \Sigma_j^{xx})}$$

ou encore :

$$h_i(x) = \frac{\frac{\alpha_i}{(2\pi)^{\frac{N}{2}} |\Sigma_i^{xx}|^{\frac{1}{2}}} exp[-\frac{1}{2}(x-\mu_i^x)^T (\Sigma_i^{xx})^{-1}(x-\mu_i^x)]}{\sum_{j=1}^{Q} \frac{\alpha_j}{(2\pi)^{\frac{N}{2}} |\Sigma_j^{xx}|^{\frac{1}{2}}} exp[-\frac{1}{2}(x-\mu_j^x)^T (\Sigma_j^{xx})^{-1}(x-\mu_j^x)]}$$

où :

$$\Sigma_i = \begin{bmatrix} \Sigma_i^{xx} & \Sigma_i^{xy} \\ \Sigma_i^{yx} & \Sigma_i^{yy} \end{bmatrix}$$

et

$$\mu_i = \begin{bmatrix} \mu_i^x \\ \mu_i^y \end{bmatrix}$$

Les paramètres des GMMs sont estimés à chaque étape comme suit :

1. α_i est estimé comme étant le rapport entre $N_{s,i}$ le nombre de vecteurs source (s), de la classe i et N_s le nombre total de vecteurs source :

$$\alpha_i = \frac{N_{s,i}}{N_s} \qquad (3.4)$$

2. μ_i^x (respectivement μ_i^y)qui désigne la moyenne des vecteurs source (cible) de la classe i, elle est calculée comme suit :

$$\mu_i^x = \frac{\sum_{k=1}^{N_{s,i}} x_i^k}{N_{s,i}} \qquad (3.5)$$

et

$$\mu_i^y = \frac{\sum_{k=1}^{N_{c,i}} y_i^k}{N_{c,i}} \qquad (3.6)$$

où x_i^k (respectivement y_i^k) est le $k^{\text{ème}}$ vecteur source (cible) de la classe i et $N_{s,i}$ (respectivement $N_{c,i}$) le nombre de vecteurs source (cible).

3. $\Sigma_{i,j}^{xx}$ et $\Sigma_{i,j}^{yx}$ qui représentent respectivement la matrice de covariance et la matrice de covariance croisée des vecteurs cible/source de la classe i sont calculées comme suit (Werghi et al., 2010) :

$$\Sigma_{i,j}^{xx} = E(x_i x_j) - E(x_i)E(x_j) \qquad (3.7)$$

et

$$\Sigma_{i,j}^{yx} = E(y_i x_j) - E(y_i)E(x_j) \qquad (3.8)$$

où x_i et y_i sont respectivement la $i^{\text{ème}}$ composante du vecteur source x et du vecteur cible y.

Afin de transformer les spectres de la voix source, nous estimons les fonctions de conversion données par la formule 3.3.

Pour le calcul des paramètres du modèle GMM, (Dempster *et al.*, 1977) proposent l'algorithme itératif : Espérance-Maximisation EM (pour Expectation Maximization, en anglais). EM est un algorithme qui permet de trouver un maximum local de vraisemblance des paramètres des GMMs. Cet algorithme peut être utile mais reste couteux en terme de temps de calcul. (Werghi *et al.*, 2010) ont montré que EM pouvait être avantageusement remplacé par une technique d'optimisation qui estime les paramètres des GMMs directement à partir des données : il s'agit de la méthode ISE2D pour Iterative Statistical Estimation Directly from Data en anglais.

Cet algorithme propose, dans la première étape d'itération, d'appliquer la DTW entre les vecteurs source et cible. À partir de la seconde itération, l'alignement est réalisé entre les vecteurs convertis et les vecteurs cibles dans le but d'affiner le chemin d'alignement temporel.

3.4 La synthèse vocale

Le synthétiseur spectral utilisé est basé sur l'approche itérative d'extrapolation séquentielle par (Nawab *et al.*, 1983). L'intérêt principal de cet algorithme est qu'il est non itératif et peut fonctionner en temps réel (Di Martino et Pierron, 2010; Chami *et al.*, 2012).

3.4.1 Reconstruction du signal vocal

Une fois les paramètres des GMMs calculés, la fonction de conversion est appliquée au $k^{\text{ème}}$ vecteur source x_k afin de prédire le $k^{\text{ème}}$ vecteur converti $\widehat{y}_k$.

$$\widehat{y}_k = F(x_k)$$

La principale contribution de notre approche réside dans la prédiction des impulsions cepstrales excitatives (Bahja *et al.*, 2012b). Les premiers coefficients classiques c_p, avec $p = 0, ..., O_c - 1$ (O_c est le nombre de coefficients cespstraux relatifs au conduit vocal), sont définis comme étant les premiers coefficients de la Transformée de Fourier Inverse du spectre logarithmique d'amplitude.

Dans le but de prédire les impulsions cepstrales excitatives, nous proposons les étapes suivantes :

1. calcul des coefficients cepstraux excitatifs pour un vecteur source et cible apparié (figure 3.6);

2. tri des couples (amplitude, index) par amplitude décroissante;

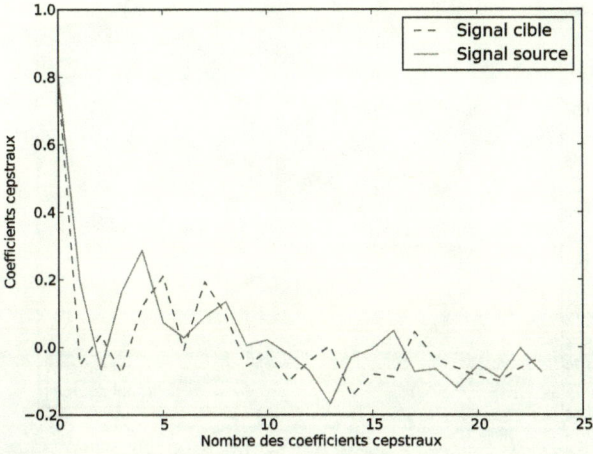

FIGURE 3.6 – Coefficients d'excitation cepstraux de la parole source et cible.

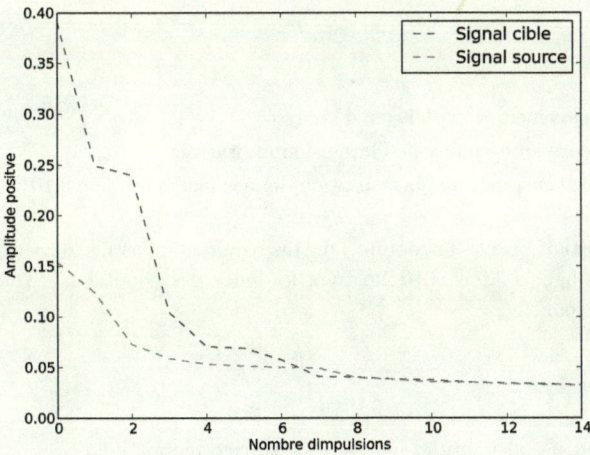

FIGURE 3.7 – Amplitudes positives décroissantes.

3. normalisation des indices des impulsions cepstrales excitatives par la formule sui-

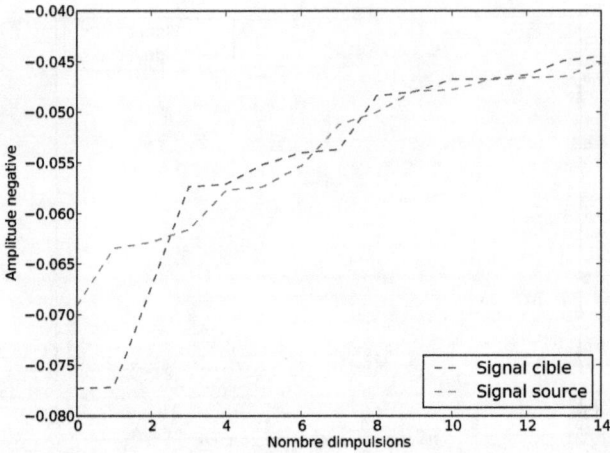

FIGURE 3.8 – Amplitudes négatives décroissantes en valeur absolue.

vante :

$$log\_pulse\_index = \frac{\log \frac{Index}{N/2}}{C} \tag{3.9}$$

où :

• N est la longueur de la fenêtre d'analyse ;

• $Index$ représente l'index de l'impulsion excitative ;

• C est une constante de normalisation donnée par la formule 3.10 ;

Cette constante a été introduite afin de réduire l'intervalle de variation des log index. Les figures 3.9 et 3.10 illustrent les index des impulsions cepstrales après la normalisation.

$$C = 2 \log \frac{O_c}{N/2} \tag{3.10}$$

4. En outre, nous calculons les fonctions de transformation pour :

    (a) les vecteurs cepstraux relatifs au conduit vocal ;

    (b) le premier coefficient cepstral $c0$;

    (c) les amplitudes positives et leur log index ;

    (d) les amplitudes négatives et leur log index.

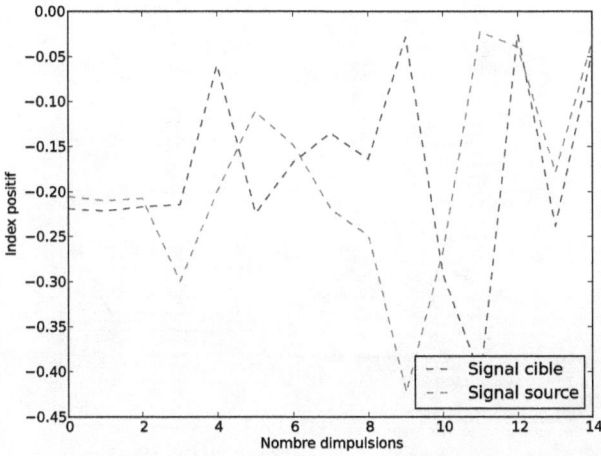

FIGURE 3.9 – Index positifs normalisés.

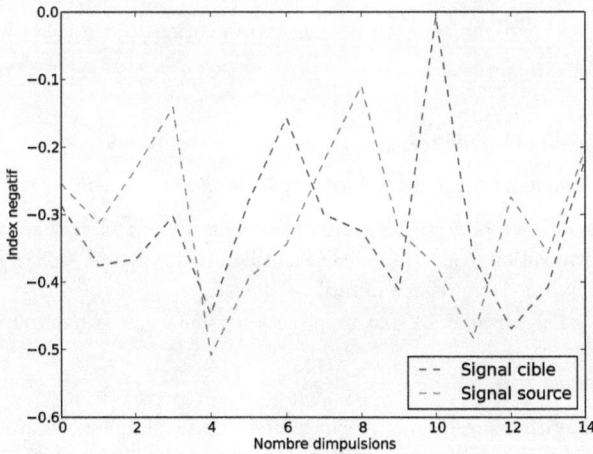

FIGURE 3.10 – Index négatifs normalisés.

Les fonctions de conversion relatives au premier coefficient $c0$, aux coefficients d'amplitude et aux log index sont calculées par "mapping" des vecteurs source/cible composés du coefficient à prédire et de $O_c - 2$ coefficients cepstraux relatifs au conduit vocal.

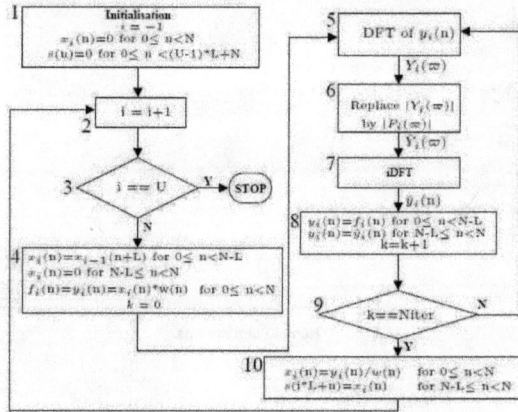

FIGURE 3.11 – Algorithme itératif par extrapolation séquentielle : Nawab

3.4.2 Transformation et synthèse

3.4.2.1 Algorithme itératif par extrapolation séquentielle : Nawab

L'algorithme de Nawab, décrit un synthétiseur, non temps réel, basé sur une approche itérative par extrapolation séquentielle de l'échantillon (Nawab *et al.*, 1983). La figure 3.11 illustre les 10 étapes de l'algorithme itératif de Nawab.

Les étapes de l'algorithme 3.1 sont représentées comme suit (Chami *et al.*, 2012) :

3.4.2.2 Synthétiseur spectral

Basé sur l'algorithme de Nawab, le synthétiseur spectral, que nous avons utilisé, est proposé par (Di Martino et Pierron, 2010) et développé par (Chami *et al.*, 2012), tel présenté par la figure 3.12 et décrit par l'algorithme 3.2, est un synthétiseur spectral non itératif.

Dans notre système de conversion de voix, nous avons utilisé le synthétiseur spectral, qui un nouveau synthétiseur vocal, dont l'intérêt est de corriger les deux points faibles de l'algorithme de Nawab, à savoir le processus non temps réel et la technique itérative.

Algorithme 3.1 Algorithme de Nawab (Chami *et al.*, 2012).

– **Étape 1 :**

Pour $i = -1$, le processus met le signal d'entré $x_i(n)$, pour N échantillons, et le signal à reconstruire $s_i(n)$ à zéro. N est la taille de la FFT, U est le nombre de trames et L représente le nombre d'échantillons extrapolés.

– **Étape 2 :**

i est incrémenté.

– **Étape 3 :**

Si i est égale à U, le processus de calcul s'arrête.

– **Étape 4 :**

Sinon le signal $x_i(n)$ est le résultat du décalage à gauche de L pas du signal précédent $x_{i-1}(n)$. Les L derniers éléments de $x_i(n)$ sont mis à zéro. Les signaux $y_i(n)$ et $f_i(n)$ sont obtenus par la multiplication de $x_i(n)$ par une fenêtre d'analyse $\omega(n)$ qui est généralement une fenêtre rectangulaire. Le nombre d'itération, représenté par k est mis à zéro.

– **Étape 5 :**

Dans cette étape, le calcul de la FFT de $y_i(n)$ donne le signal $Y_i(\varpi)$.

– **Étape 6 :**

Le module de $Y_i(\varpi)$ est remplacé par le spectre connu du signal analysé $|F_i(\varpi)|$.

– **Étape 7 :**

La Transformée de Fourier Inverse de ce nouveau spectre complexe donne la nouvelle estimation de $\widehat{y}_i(n)$.

– **Étape 8 :**

Les valeurs de $y_i(n)$ sont remplacées par $f_i(n)$ pour $0 \leqslant n < N - L$ et par $\widehat{y}_i(n)$ pour le $N - L \leqslant n < N$. k est ensuite incrémentée.

– **Étape 9 :**

Si k est égale à $Niter$, le processus passe à l'étape 10, sinon le processus revient à l'étape 5.

– **Étape 10 :**

Le nouveau signal $x_i(n)$ est obtenu en divisant $y_i(n)$ par $\omega(n)$ pour $0 \leqslant n < N$ et le signal synthétisé est égal à $x_i(n)$ pour $N - L \leqslant n < N$. Le processus itère à l'étape 2.

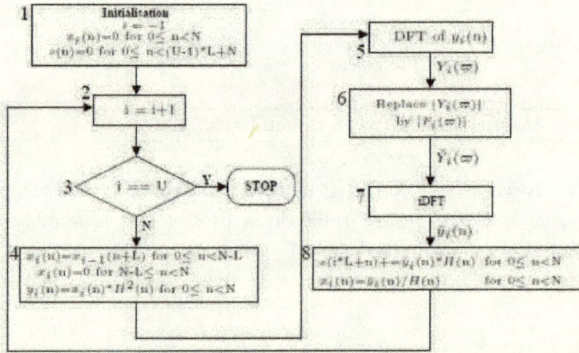

FIGURE 3.12 – Le synthétiseur spectral (Chami *et al.*, 2012).

La différence essentielle, entre l'algorithme par extrapolation de Nawab et le synthétiseur spectral, réside essentiellement en deux grands points : le premier est l'élimination de la boucle interne utilisée pour l'extrapolation des échantillons et le deuxième est la reconstruction du signal avec la technique classique OLA (overlap-add) (Rabiner et Gold, 1975), contrairement à l'algorithme de Nawab qui reconstruit le signal re-synthétisé par concaténation des L échantillons extrapolés.

Afin de récapituler les différentes étapes suivies dans notre étude, la figure 3.13 schématise le principe de notre système de conversion.

3.5 Résultats expérimentaux

Pour évaluer le système de conversion de voix, nous avons utilisé trois corpus parallèles, composés de 50 phrases prononcées par trois locuteurs masculins (AL, CB et NG). La durée approximative de chaque phrase est de 2 secondes. Comme nous l'avons évoqué précédemment, la phase d'apprentissage d'une fonction de transformation nécessite que les deux corpus d'apprentissage source et cible aient exactement le même contenu phonétique. Le nombre de GMMs adopté pour toutes les fonctions de conversions calculées est de 32. La fréquence d'échantillonnage des corpus est de $16\,kHz$. Le tableau 3.1 résume les conditions des expériences utilisées.

La figure 3.14 illustre les trois signaux vocaux : source, cible et synthétisé. Le signal synthétisé correspond au signal converti par notre algorithme de prédiction des impulsions cepstrales.

Algorithme 3.2 Algorithme du synthétiseur spectral utilisé (Di Martino et Pierron, 2010)

– Étape 1 :
Pour $i = -1$, le processus met le signal d'entré $x_i(n)$, pour N échantillons, et le signal à reconstruire $s_i(n)$ à zéro. N est la taille de la FFT, U est le nombre de trames et L représente le nombre d'échantillons extrapolés.

– Étape 2 :
i est incrémenté.

– Étape 3 :
Si i est égale à U, le processus de calcul s'arrête.

– Étape 4 :
Sinon le signal $x_i(n)$ est le résultat du décalage à gauche de L pas du signal précédent $x_{i-1}(n)$. Les L derniers éléments de $x_i(n)$ sont mises à zéro. Le signal $y_i(n)$ est le résultat de la multiplication de $x_i(n)$ par une fenêtre d'analyse $H(n)^2$; où $H(n)$ est une fenêtre de Hamming normalisée donnée par l'équation 3.11.

$$H(n) = \begin{cases} \frac{2\sqrt{\frac{L}{N}}}{\sqrt{4a^2+2b^2}}(a + b\cos(\frac{\pi(2n+1)}{N})), & si\, 0 \leq n < N \\ \\ 0 & sinon \end{cases} \tag{3.11}$$

avec L est le nombre d'échantillon, N est la longueur de la fenêtre d'analyse, a=0.54 et b=-0.46.

– Étape 5 :
Dans cette étape, le calcul de la FFT de $y_i(n)$ donne le signal $Y_i(\varpi)$.

– Étape 6 :
Le module de $Y_i(\varpi)$ est remplacé par le $i^{\text{ème}}$ spectre connu $|F_i(\varpi)|$.

– Étape 7 :
La Transformée de Fourier Inverse de ce nouveau spectre complexe donne la nouvelle estimation de $\widehat{y}_i(n)$.

– Étape 8 :
Le signal synthétisé $s(n)$ est obtenu en ajoutant les valeurs de $\widehat{y}_i(n)$ en utilisant une technique de superposition OLA. Enfin, le nouveau signal $x_i(n)$ est obtenu en divisant $\widehat{y}_i(n)$ par la fenêtre de Hamming $H(n)$ et le processus itère à l'étape 2.

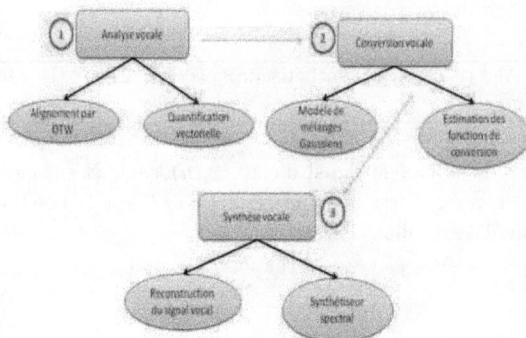

FIGURE 3.13 – Schéma récapitulatif de notre système de conversion de voix.

TABLE 3.1 – Conditions expérimentales

Nombre de phrase d'apprentissage	50 phrases / locuteur
Nombre de phrase de test	30 phrases
Fenêtre d'analyse	Hamming
Taille fenêtre	32 ms
Shift	4ms
Nombre des GMMs	32
Nombre des impulsions d'apprentissage positives	15
Nombre des impulsions d'apprentissage négatives	15
Nombre des coefficients cepstraux du conduit vocal	26
Nombre de classes LBG-VQ design	32

La figure 3.15 représente le chemin d'alignement entre une phrase prononcée par le locuteur source CB et la même phrase prononcée par le locuteur cible AL.

3.5.1 Évaluation objective

Pour évaluer objectivement la performance de notre système de conversion de voix, nous utilisons le Signal d'Erreur de Distorsion (SED) (En-najjary, 2005) qui est estimé par la formule suivante :

$$SED = -10 \log_{10} \frac{\sum_k \|y_k - \widehat{y}_k\|^2}{\sum_k \|y_k\|^2} \tag{3.12}$$

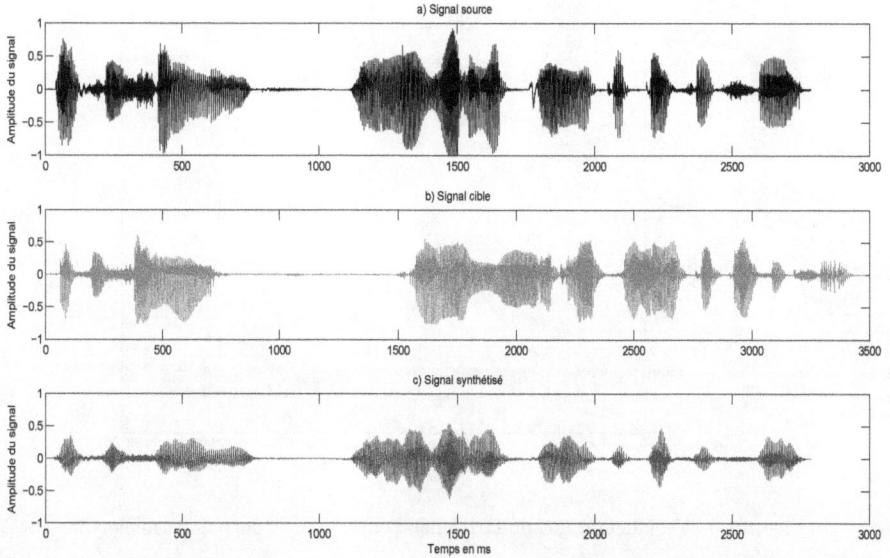

FIGURE 3.14 – Analyse et synthèse par prédiction des impulsions cepstrales d'une phrase prononcée par le locuteur CB et convertie vers le locuteur AL : a) Signal source : CB, b) Signal cible : AL et c) Signal synthétisé.

avec y_k et $\widehat{y}_k$ sont respectivement les vecteurs cepstraux de la cible et du signal converti, pour chaque itération k. Le tableau 3.2 montre que la valeur du SED est stabilisée à la dixième itération pour tout les corpus.

Nous avons aussi calculé le Signal d'Erreur Inter-locuteurs (SEI) (En-najjary, 2005) entre le vecteur source et cible :

$$SEI = -10 \log_{10} \frac{\sum_k \|y_k - x_k\|^2}{\sum_k \|y_k\|^2} \tag{3.13}$$

avec x_k représente le vecteur cepstral du signal source.

La grande variabilité entre les locuteurs est due, d'une part, à l'héritage linguistique et au milieu socioculturel de l'individu, et d'autre part aux différences physiologiques des organes responsables de la production de la parole. L'expression acoustique de ces différences peut être traduite par une variation de la la fréquence fondamentale pour chaque individu. Le tableau 3.3 montre cette variabilité suivant les trois corpus.

Nous avons calculé aussi le Signal Spectral d'Erreur de Distorsion (SSED) qui est

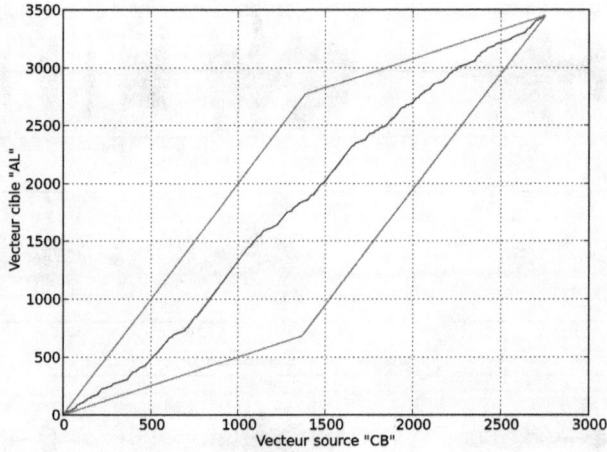

FIGURE 3.15 – Chemin de similarité par DTW pour le corpus parallèle CB vers AL.

TABLE 3.2 – SED selon le nombre d'itération pour les trois corpus parallèles.

Numéro d'itération	SED(dB)					
	NG/AL	AL/NG	CB/AL	AL/CB	NG/CB	CB/NG
1	4.57	3.87	5.16	4.73	5.07	4.81
2	8.92	7.93	9.02	8.64	8.76	8.15
3	9.10	8.08	9.17	8.79	8.84	8.27
4	9.15	8.12	9.21	8.83	8.85	8.28
5	9.15	8.13	9.24	8.85	8.87	8.29
6	9.18	8.13	9.24	8.85	8.88	8.30
7	9.18	8.13	9.24	8.86	8.87	8.31
8	9.18	8.15	9.23	8.86	8.88	8.31
9	9.18	8.14	9.23	8.86	8.88	8.32
10	9.18	8.14	9.23	8.86	8.89	8.32

estimé par la formule suivante :

$$SSED = -10 \log_{10} \min \frac{\sum_k \|S_{u(k)} - \alpha \widehat{S}_{v(k)}\|^2}{\sum_k \|S_{f(k)}\|^2} \qquad (3.14)$$

où le couple $(u(k),\ v(k))$ est un couple index obtenu par la DTW ; $S_{u(k)}$ et $\widehat{S}_{v(k)}$ sont respectivement un spectre d'amplitude de Fourier cible et un spectre d'amplitude de Fourier converti mis en correspondance par la DTW. α est un facteur de pondération

TABLE 3.3 – SEI selon le nombre d'itération pour les trois corpus parallèles.

Numéro d'itération	SEI(dB)					
	NG/AL	AL/NG	CB/AL	AL/CB	NG/CB	CB/NG
1	4.577	3.87	5.16	4.73	5.07	4.81
2	4.404	3.62	5.00	4.50	4.90	4.63
3	4.355	3.57	4.95	4.44	4.84	4.58
4	4.33	3.53	4.93	4.41	4.81	4.55
5	4.31	3.52	4.92	4.39	4.79	4.54
6	4.30	3.51	4.91	4.38	4.79	4.53
7	4.30	3.51	4.90	4.37	4.77	4.53
8	4.30	3.51	4.90	4.36	4.77	4.53
9	4.30	3.50	4.90	4.36	4.76	4.53
10	4.30	3.50	4.90	4.36	4.76	4.53

obtenu par minimisation quadratique sur α de l'erreur SSED :

$$\alpha = \frac{\sum_k S_{u(k)}^T \times \widehat{S}_{v(k)}}{\sum_k \widehat{S}_{v(k)}^T \times \widehat{S}_{v(k)}} \tag{3.15}$$

où T désigne la transposée.

Le tableau 3.4 représente la moyenne du SSED pour toutes les phrases test de chaque corpus parallèle. Ainsi il montre que la valeur la plus élevée du SSED concerne le corpus CB vers AL, cela explique une bonne transformation de la voix de CB vers la voix de AL. Les autres locuteurs ont des résultats satisfaisants de conversion prouvés par la valeur du SSED.

TABLE 3.4 – Signal Spectral d'Erreur de Distortion : SSED pour les trois corpus.

Corpus	SSED(dB)
AL vers CB	1.63
AL vers NG	1.57
CB vers AL	**2.82**
NG vers AL	2.35
CB vers NG	1.48
NG vers CB	1.09

3.5.2   Évaluation subjective

Pour évaluer, subjectivement, les performances de notre système de conversion de voix, un test subjectif de type "ABX" (Stylianou, 1998a; Kain, 2001) a été réalisé.

Dans cette expérience, nous avons présenté à dix auditeurs une série de trois sons vocaux : le premier concerne le son prononcé par le locuteur "A" (source), le deuxième est le son prononcé par le locuteur "B" (cible) et le troisième est le son synthétisé par notre système de conversion. Nous avons demandé à chaque auditeur de juger si le son de "X" est plus proche du locuteur "A" ou de "B".

Le tableau 3.5 résume les résultats du test ABX. Une réponse est considérée comme correcte lorsque l'auditeur a jugé que la voix convertie est plus proche de la voix cible. Nous constatons que le pourcentage des réponses correctes augmente notablement lorsque le nombre d'impulsions cepstrales excitatives prédites passe de 5 à 15. La tâche des auditeurs était de plus en plus facile à mesure que le nombre des impulsions augmentait, et cela se reflète par un score de plus en plus élevé.

TABLE 3.5 – Résultats du test ABX.

	5 impulsions	10 impulsions	15 impulsions
Réponses correctes	50%	70%	90%

Les résultats des évaluations informelles indiquent que la parole convertie se rapproche de plus en plus de la parole cible au fur et à mesure que nous augmentons le nombre d'impulsions cepstrales excitatives (figure 3.16). Ainsi « plus nous prédisons et mieux nous percevons ! ».

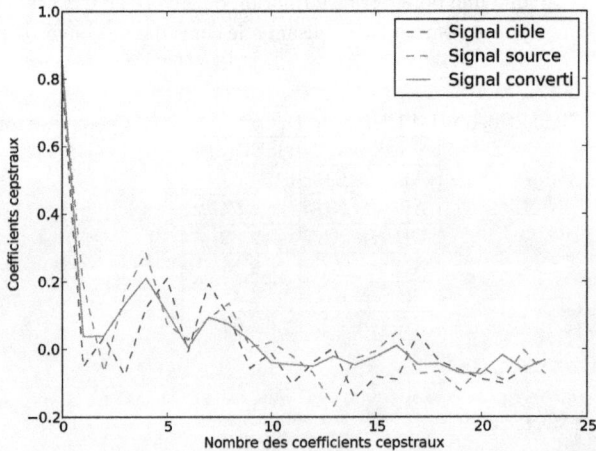

FIGURE 3.16 – Coefficients d'excitation cepstraux de la parole source et cible.

3.6 Conclusion

Dans ce chapitre nous détaillons les étapes de construction d'un système de conversion de voix fondé sur la technologie GMMs. L'originalité de l'algorithme proposé réside dans la prédiction des impulsions cepstrales excitatives. En s'appuyant sur des tests objectifs et subjectifs, nous avons pu tester la performance de notre algorithme de conversion de voix qui s'avère très prometteur.

LA CORRECTION DE LA VOIX PATHOLOGIQUE

Sommaire

La voix œsophagienne est une voix de substitution apprise par des patients qui subissent une ablation du larynx. Cette voix est rauque, faible en intensité et difficile à comprendre. Le but de ce chapitre est de proposer un système de conversion de voix dans le but d'améliorer cette voix pathologique.

4.1   Voix sans larynx [1]

Le cancer des cordes vocales attire une attention particulière dans le diagnostic et le traitement, principalement parce qu'il peut causer la mort. Une fois que le cancer a été

---

1. $http : //http : //www.mutiles - voix.com/$

détecté, le patient subit une ablation des cordes vocales. Cela implique que les patients dans une telle situation ne seront plus en mesure de produire une voix laryngée et, par conséquent, perdent la capacité de parler. Après l'opération et pendant la convalescence, le patient va commencer la phase d'apprentissage de la parole œsophagienne, i.e., la voix produite par la modulation de l'air au moyen de l'œsophage. Cela permettra au patient d'utiliser la parole œsophagienne qui a une qualité dégradée. La faible intelligibilité de cette voix est le problème principal de ces patients lors de communications orales avec d'autres personnes.

4.1.1 Les causes

Les cancers du larynx et de l'hypopharynx ont diverses origines. Les deux facteurs de risque largement majoritaires dans les statistiques sont :
  – le tabagisme important et prolongé. Le risque s'accroît avec le nombre de cigarettes fumées, et la durée de consommation. La fumée secondaire est aussi considérée comme un danger.
  – la consommation chronique d'alcool. Elle augmente également les risques de façon considérable. Les grands buveurs font plus que doubler leur risque de développer un cancer du larynx ou de l'hypopharynx. La combinaison du tabagisme et de l'alcoolisme augmente encore davantage la probabilité de développer ce type de cancer.
D'autres facteurs tels que l'inhalation chronique de poussières, produits chimiques ou autres vapeurs toxiques ; une carence en vitamines ; un reflux gastro-œsophagien chronique ; une mauvaise hygiène bucco-dentaire peuvent favoriser l'apparition d'une tumeur laryngée.

4.1.2 Les symptômes

Les premiers symptômes des cancers du larynx sont en général assez discrets, et se matérialisent le plus souvent sous forme de lésions au niveau des cordes vocales.
Ils se manifestent sous la forme :
  – d'un enrouement et d'une gêne à la déglutition durant plus de 15 jours chez une personne de plus de 45 ans ;
  – d'un trouble de la voix, voire des troubles respiratoires ;
  – d'une douleur persistante dans l'oreille.
Ce sont pratiquement les seuls signes d'alerte.

4.1.3 Le dépistage [2]

Aussi, un pronostic précoce, gage de succès, nécessite un dépistage systématique lors des premiers symptômes. L'examen de dépistage doit obligatoirement être pratiqué par un spécialiste ORL (Oto-Rhino-Laryngologue).

De manière indirecte (figure 4.1) :
– par une simple palpation du cou ;
– par l'examen de la gorge au miroir ;
– suivi éventuellement d'une radiographie ;
– ou d'un scannogramme.

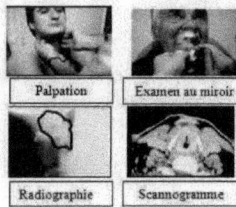

FIGURE 4.1 – Examen de dépistage, lors d'une pathologie au niveau du larynx, de manière indirecte.

De manière directe (figure 4.2) :
– par un examen clinique ;
– par endoscopie souple avec anesthésie locale ;
– par endoscopie rigide sous anesthésie générale appelée aussi laryngoscopie directe.
Cet examen est indispensable si l'on veut effectuer une biopsie, qui seule permet d'affirmer l'existence d'un cancer.

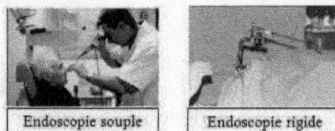

FIGURE 4.2 – Examen de dépistage, lors d'une pathologie au niveau du larynx, de manière directe.

2. $http://http://www.mutiles-voix.com/$

4.1.4 Laryngectomie totale

La laryngectomie est un geste chirurgical, en première intention, dans le cas de cancers avancés du larynx mais également de l'hypopharynx. Elle est indiquée en seconde intention dans le cas de récidive après chirurgie partielle du larynx ou du pharynx, ou après échec d'une radiothérapie.

La trachée est alors déviée et abouchée à la paroi antérieure de la base du cou. C'est cette ouverture permanente et définitive, appelée trachéostome, qui va permettre la respiration du patient. L'air ne passe donc plus par le nez et la cavité buccale, mais entre directement par cet orifice. Le carrefour aéro-digestif est supprimé, les voies aériennes et digestives sont donc séparées : la voie aérienne s'étend du trachéostome aux poumons via la trachée ; la voie digestive de la cavité buccale à l'œsophage, sans point de réunion avec la trachée. La laryngectomie totale a de nombreuses conséquences physiologiques, sensorielles, physiologiques et sociales. Elle prive définitivement le patient de sa voix laryngée et peut entraîner des troubles de la déglutition, bien que les fausses routes soient désormais impossibles. Par ailleurs, le patient laryngectomisé doit faire face à une nouvelle anatomie, un nouveau schéma corporel et une nouvelle identité qui vont bouleverser sa vie. La figure 4.3 illustre l'appareil phonatoire d'une personne laryngectomisée.

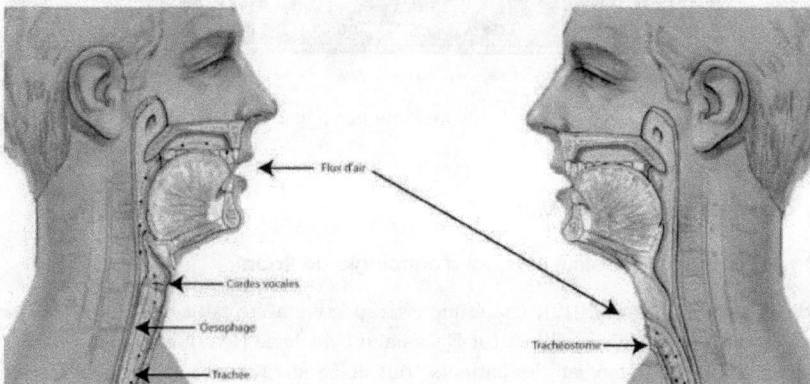

FIGURE 4.3 – Appareil phonatoire d'une personne laryngectomisée (à droite, avant, à gauche, après l'intervention). D'après des illustrations de "Inhealth Technologies" [4].

---

4. *http : //www.ihealthtechnologies.com/*

4.1.5 Après une laryngectomie

Suite à une laryngectomie, les différentes fonctions, qu'assurait le larynx, avant la chirurgie subissent les anomalies suivantes 4.4 :

– La déglutition n'est pas modifiée, mais dans le cas d'implant phonatoire, il y a un risque potentiel de fausse route ;

– La respiration se fait par l'orifice trachéal, appelé trachéostome ou stomie ;

– La phonation normale n'est plus possible pour la laryngectomie totale simple et pour les patients laryngectomisés avec implant, la phonation est possible, en bouchant le trachéostome. La voix ainsi créée, appelée voix trachéo-œsophagienne, nécessite pour sa maîtrise une certaine rééducation.

Le patient après une laryngectomie totale est incité à apprendre une voix de remplacement, la voix œsophagienne, ou utiliser des prothèses. Pour gérer la communication entre la voie digestive et la voie respiratoire, les différentes techniques consistent à équiper cette nouvelle voie d'une prothèse, appelée prothèse phonatoire ou implant.

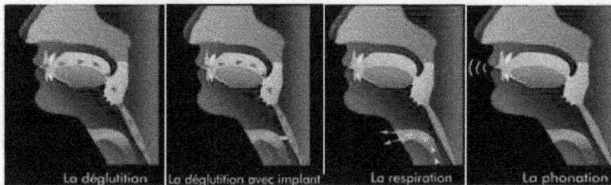

FIGURE 4.4 – Après une laryngectomie[5].

4.2 Cancer du larynx au Maroc

4.2.1 Statistiques de l'Institut national d'oncologie de Rabat

Selon (Diakité *et al.*, 2012), une étude rétrospective a été faite, portant sur 404 cas de cancer du larynx colligés à l'Institut National d'Oncologie (INO) entre Janvier 2005 et Décembre 2008. L'âge médian des patients était de 58 ans (22-90 ans). Le sexe masculin était prédominant avec 91% d'hommes, 322 patients étaient tabagiques et 80 alcoolotabagiques, 20% des patients étaient non-fumeurs. Le délai médian de consultation était de huit mois. Le symptôme majeur ayant amené les patients a consulter était la dysphonie. La dyspnée a entraîné une trachéotomie en urgence chez 149 patients.

L'examen clinique et le bilan radiologique ont montré que le cancer laryngé était de stade III ou IV dans 77% de cas, avec quatre cas de métastases d'emblée. La tumeur

---

5. Site de l'union des associations françaises de laryngectomisés et mutilés de la voix, *http : //http : //www.mutiles − voix.com/*

intéressait les trois étages dans 41% des cas, elle était glottosusglottique dans 26% et glottosousglottique dans 13%. L'atteinte était limitée à un seul étage laryngé dans 20% des cas. Le traitement a consisté en une laryngectomie totale avec curage ganglionnaire chez 246 patients, 41 ont refusé la chirurgie. Tous les malades opérés ont bénéficié d'une radiothérapie adjuvante. Les 113 patients inopérables et ceux ayant refusé la chirurgie ont été traités par irradiation exclusive ou avec une chimiothérapie concomitante. Avec un recul moyen de 21 mois, l'évolution a été marquée par 23 cas de récidive locale, 27 de métastases ganglionnaires, pulmonaires, osseuses ; 23 patients sont décédés et beaucoup ont été perdus de vus.

4.2.2   Étude statistique du cancer de larynx au Maroc

Le tableau illustre l'étude statistique faite sur les grandes villes du Maroc dont nous citons :

•Institut national d'oncologie de Rabat (Diakité *et al.*, 2012) ;

• Service de Radiologie, CHU Ibn Rochd, Casablanca (Hassen *et al.*, 2007) ;

• Service ORL, CHU Hassan II, Fès (Cherkaoui *et al.*, 2009) ;

• Service de Radiologie, CHU Mohammed VI, Marrakech (Idrissi *et al.*, 2010) ;

TABLE 4.1 – Cancer du larynx au Maroc.

Ville	Nombre de cas	Age moyen (ans)	Période de l'étude
Rabat	404	58 (22-90 ans)	Janvier 2005 - Décembre 2008
Casablanca	70 (68H - 2F)	58	Janvier 2002 - Juin 2007
Fès	115 (108H - 7F)	52 (38-71 ans)	Décembre 2003 - Décembre 2008
Marrakech	93 (91H - 2F)	61 (48-85 ans)	7 ans

4.3   La correction de la voix pathologique

Un système de correction de la voix pathologique vise, essentiellement, à améliorer la qualité de cette voix, qui est faible en intensité, rauque, et difficile à comprendre.

Dans la littérature, (Qi, 1990) a proposé de convertir la voix source par la technique du codage linéaire prédictif (LPC pour Linear Predictive Coding en anglais).

(Bi et Qi, 1997) ont évalué un système de conversion de la voix afin d'améliorer la voix pathologique. La modification apportée par leur système visait à réduire la distorsion spectrale dans un vecteur de quantification (VQ) et la discontinuité spectrale par une régression linéaire multivariée (LMR pour Linear Multivariate Regression en anglais).

D'autres approches ont été proposées pour améliorer la voix œsophagienne sur la base de la modification de ses caractéristiques acoustiques, par exemple, à l'aide de filtrage en peigne (Hisada et Sawada, 2002) ou de lissage (Matui *et al.*, 1999).

4.3.1 Caractéristiques d'un signal œsophagien

Une voix œsophagienne est extrêmement faible en intensité. La faible intelligibilité de cette voix est le principal problème dans les communications orales. Les valeurs des paramètres caractérisant cette voix vont au-delà des niveaux normaux :
– la qualité vocale est médiocre avec la faible intensité ;
– le pitch est instable avec une période, anormalement, faible ;
– le niveau sonore est faible avec une court durabilité ;
– le bruit de ce signal de parole est particulièrement élevé.

Ces différentes caractéristiques ont un effet extrêmement négatif sur le traitement de ce signal œsophagien. Sauf que l'évaluation acoustique présente aussi ces avantages (Keller *et al.*, 1991) :
– elle est simple à mettre en œuvre ;
– les coûts du système sont peu élevés ;
– la gêne du patient réduite à un strict minimum.

Selon (CANTER, 1963; Darley *et al.*, 1969; Keller *et al.*, 1991), les critères décisifs lors de l'évaluation des voix pathologiques sont : la décision des régions voisées et non voisées ; la distinction de la durée des silences et la détermination des différents niveaux d'amplitudes du signal ainsi que les variations fort rapides que peut subir la fréquence fondamentale.

4.3.2 Difficultés rencontrées

En dépit de l'évolution des techniques de correction de voix pathologiques. Les difficultés de telles approches sont de deux ordres : théorique et expérimental :
– sur le plan théorique, la détermination du pitch et la réduction du bruit, dans le signal œsophagien, constitue les deux points essentiels dans le rehaussement de cette voix pathologique.
– sur le plan expérimental, nous cherchons à rendre le son synthétisé mieux compréhensible pour facilité la communication orale au patient malade.

4.4 Étapes de construction du système de correction de voix proposé

L'amélioration de la voix pathologique a fait l'objet de nombreuses études dont celle tout récente de (Doi *et al.*, 2010).

Notre principal objectif dans cette étude est l'obtention d'une voix re-synthétisée plus compréhensible et naturelle que la voix œsophagienne. Chaque système de conversion et de correction de voix met en œuvre deux phases principales : une phase d'apprentissage et une phase de transformation, que nous allons exposer dans ce qui suit.

4.4.1 Phase d'apprentissage

Dans la mise en œuvre d'un système de correction de voix pathologique, le principe est de convertir une voix source œsophagienne en une voix normale. La figure 4.5 représente les signaux de parole : source d'une voix œsophagienne et cible d'une voix normale prononçant la même phrase. Nous pouvons facilement observer le bruitage du signal œsophagien qui rend le traitement et l'analyse de ce dernier difficile.

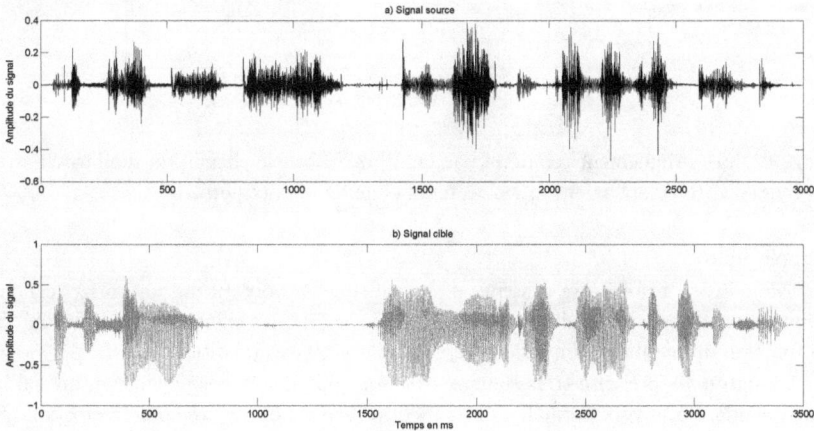

FIGURE 4.5 – Signal source d'une voix œsophagienne et signal cible d'une voix laryngée relatif à la même phrase.

Pour la phase d'apprentissage, nous procédons exactement de la même manière que lors de l'apprentissage d'un système de conversion.

La figure 4.6 représente le chemin de similarité entre les deux séquences temporelles des deux vecteurs ayant le même contenu phonétique.

4.4.2 Phase de test

Le synthétiseur spectral que nous avons utilisé dans cette étude ouvre un champ de perspectives considérables (temps réel) et nous l'appliquons ici à la correction de la voix

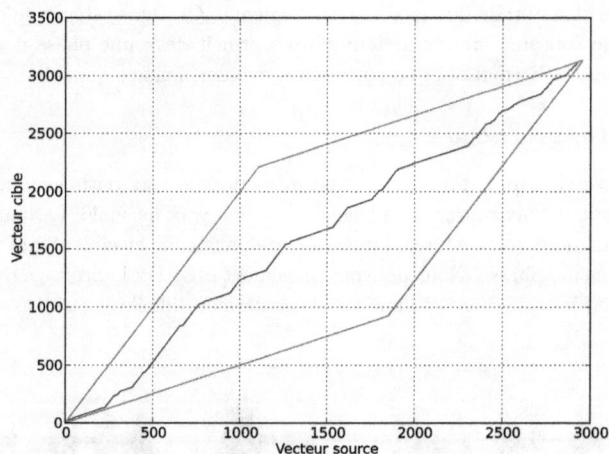

FIGURE 4.6 – Alignement temporel par DTW décrivant le chemin de similarité entre les vecteurs source œsophagiens et les vecteurs cible de la voix normale.

pathologique.

Nous avons testé notre système de conversion de voix en faisant varier le nombre d'impulsions cepstrales excitatives de 1 à 30. La figure 4.7 exhibe la variation du SSED en fonction du nombre d'impulsions cepstrales excitatives prédites.

La figure 4.8 présente trois signaux : un son source voix œsophagienne, un son cible correspondant à la voix normale et le son converti par notre système de correction. Nous pouvons constater visuellement une amélioration de la voix convertie par rapport à la voix source œsophagienne.

4.5 Résultats expérimentaux

Afin d'évaluer notre système de correction, nous avons utilisé un corpus composé de 30 phrases prononcées par le locuteur masculin "PC" ayant une voix œsophagienne et son corpus parallèle du locuteur "AL" ayant une voix normale. Les phrases de chaque corpus sont échantillonnées à 16 kHz.

Le tableau 4.2 représente le Signal d'Erreur de Distorsion SED et le Signal d'Erreur Inter-locuteurs SEI du corpus "PC" vers le corpus "AL". Nous pouvons remarquer que la valeur du SEI est faible, ce qui peut s'expliquer par la grande différence entre les deux signaux : œsophagien et normal même si les deux locuteurs prononcent les mêmes phrases.

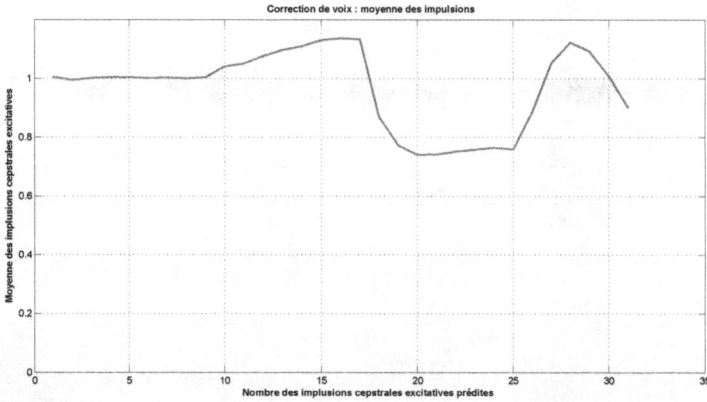

FIGURE 4.7 – Variation du SSED en fonction du nombre d'impulsions cepstrales excitatives prédites.

TABLE 4.2 – Variation de SED et de SEI en fonction du nombre d'itérations pour le corpus parallèle (PC, AL).

Numéro d'itération	SED(dB)	SEI(dB)
	corpus PC vers AL	
1	2.87	2.87
2	7.65	2.64
3	8.03	2.59
4	8.12	2.56
5	8.16	2.55
6	8.20	2.55
7	8.22	2.55
8	8.23	2.55
9	8.24	2.54
10	8.24	2.54

Pour tous nos corpus de test de 30 phrases, nous avons obtenu un SSED de l'ordre de 1 dB en moyenne.

Les figures 4.9, 4.10 et 4.11 illustrent des signaux sources, cibles et convertis, pour les coefficients cepstraux du conduit vocal, les amplitudes positives des impulsions cepstrales excitatives et les amplitudes négatives des impulsions cepstrales excitatives. Les résultats indiquent que la parole convertie se rapproche de la parole cible, au fur et à mesure, que nous augmentons le nombre d'impulsions. Les courbes obtenues exhibent un

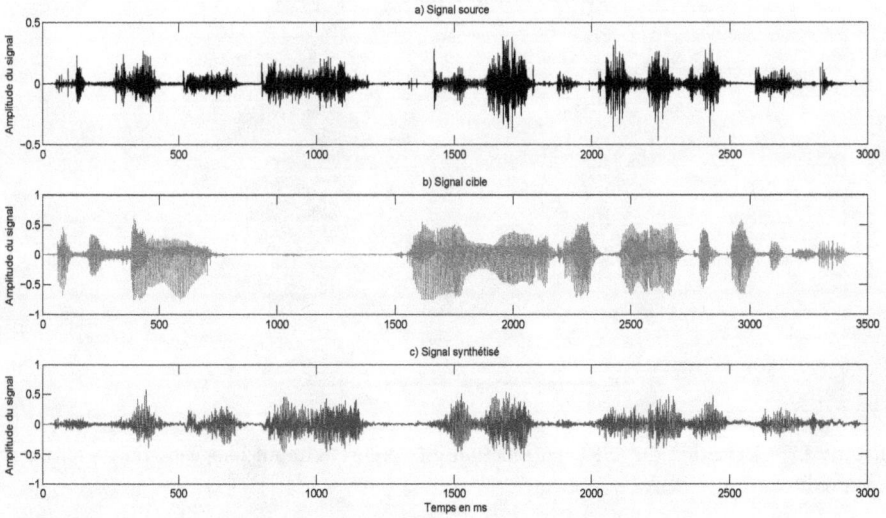

FIGURE 4.8 – Analyse et synthèse par prédiction des impulsions cepstrales : a) Signal source œsophagien, b) Signal cible et c) Signal synthétisé.

fonctionnement correct de nos fonctions de conversion.

4.6 Conclusion

Dans ce chapitre nous avons décrit une technique d'amélioration de la voix pathologique fondé sur la méthode de conversion vocale exposée dans le chapitre 3. Les résultats exposés sont clairement satisfaisants.

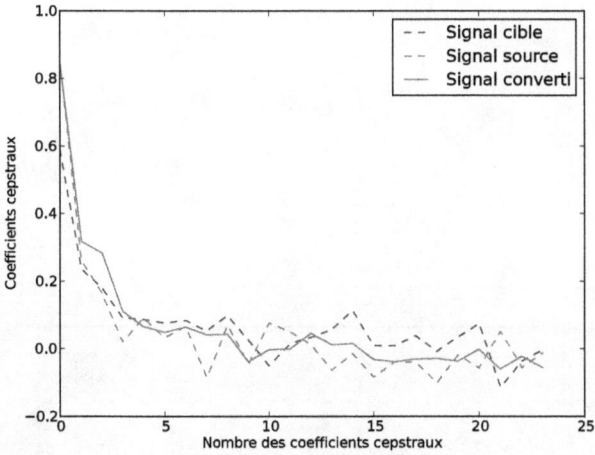

FIGURE 4.9 – Coefficients d'excitation cepstraux de la parole source, cible et converti.

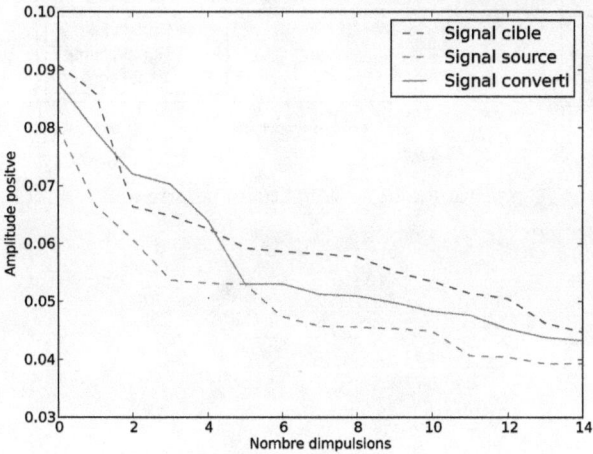

FIGURE 4.10 – Amplitudes positives.

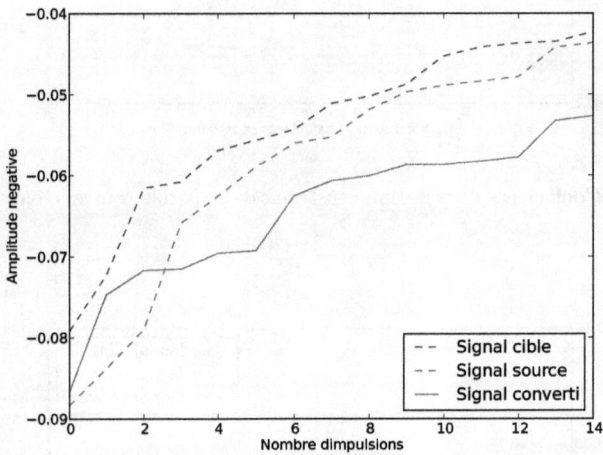

FIGURE 4.11 – Amplitudes négatives.

Conclusion générale

L'étude réalisé au cours de cette thèse a porté sur deux grands axes : le premier concerne le développement d'un algorithme de détermination de la fréquence fondamentale $F0$ pour le suivi de pitch en temps réel ; le deuxième concerne la réalisation d'un système de conversion de voix que nous appliquons à la correction de la voix pathologique.

Le pitch est la fréquence fondamentale perçue par l'oreille. Cette fréquence peut être différente de la fréquence déterminée par un algorithme de détection du $F0$. Cela dit que la fréquence fondamentale $F0$ et le pitch ont une relation physiologique bien connue.

En se basant sur une auto-corrélation circulaire, nous avons développé des algorithmes de détermination de pitch, qui éliminent tout post-traitement afin de respecter le processus temps réel. Les résultats expérimentaux obtenus par ces algorithmes nous ont encouragé à creuser dans le domaine des ondelettes. L'idée est d'analyser les coefficients obtenus par une transformation en ondelettes et de les lisser afin de ne garder que l'information sur la fréquence fondamentale et d'écarter l'influence des harmoniques qui peuvent perturber les résultats. Après cette étape d'extraction de la fréquence $F0$, nous avons développé une technique simple et robuste de décision du voisement. Ainsi, nous avons amélioré favorablement le taux d'erreur de la classification des sons voisés ou non voisés. L'originalité de cette technique est l'utilisation d'un vote majoritaire avec une introduction d'un paramètre de pondération linéaire décroissant dans le but de minimiser les erreurs de classification. Les résultats obtenus sont comparables, voire meilleurs, que ceux obtenus par les autres algorithmes publiés dans la littérature ; qu'ils respectent le temps réel ou pas.

Notre deuxième contribution, dans cette thèse concerne la réalisation d'un système de conversion de voix que nous appliquons à la correction de la voix pathologique. Par la prédiction des impulsions cepstrales excitatives, nous avons pu réaliser un système de conversion de voix dont les performances sont importantes et que nous avons pu appliquer à la correction vocale pour améliorer la voix pathologique. Nous considérons dans cette étude que la prédiction des impulsions cepstrales excitatives constitue un progrès important, en traitement du signal, pour convertir une voix source en une voix cible.

Afin d'évaluer la performance de tous nos algorithmes, nous avons utilisé deux bases de données internationales, Bagshaw et Keele, qui sont bien adaptées à l'évaluation objective des ADPs.

Perspectives

Si notre travail a permis de clarifier un certain nombre de points et de répondre à différentes questions, il suggère quelque problématiques à résoudre et laisse entrevoir de nombreuses perspectives à ce travail.

Les perspectives envisageables peuvent être réparties selon trois axes principaux :

Le premier concerne les travaux menés dans le cadre de cette thèse sur la détection de la fréquence fondamentale $F0$ et le suivi du pitch dans le domaine des ondelettes. La technique de débruitage que nous avons utilisée au coefficients d'approximation est relativement récente. Une des principales propriétés de la transformation en DT-CWT est la reconstruction parfaite du signal. Pour cela, nous envisageons de déterminer le pitch qu'après une reconstruction du signal excitatif après débruitage, et non pas à partir des coefficients lissés. Cette étude sera notre objectif à court terme.

Le second axe concerne la création d'une base de données marocaine pour des patients qui ont un cancer du larynx. Pour cela, nous avons commencé par contacter un médecin spécialiste en radiothérapie à l'Institut National d'Ontologie de Rabat, pour nous aider à collecter les données nécessaires au traitement.

Le troisième axe concerne l'étude des caractéristiques de la voix pathologique pour mieux appréhender la réalisation d'un système de correction de voix. Ce système mérite une attention particulière et une étude plus approfondie. Dans une voix œsophagienne, l'information du $F0$ est chaotique, le pitch est instable et la classification des sons voisés et non voisés est difficile. L'idée sous-jacente à cette étude est relative au voisement qui est très difficile à déterminer dans le cas d'une voix pathologique.

Nous pouvons alors affirmer que le domaine du traitement du signal, qu'il soit pour la détermination de $F0$, le suivi du pitch, la conversion de voix laryngées ou encore le rehaussement de voix pathologiques, peut encore être enrichi par d'autres travaux dans le but d'obtenir une meilleure optimisation.

A

PHRASES UTILISÉES DANS LES TESTS

Les phrases utilisés dans les algorithmes proposés pour la détection du fondamental de la parole, concernent les deux bases de données internationales Bagshaw et Keele.

Base de données de Bagshaw :
La base de données de Bagshaw fournie par le Centre de recherche "Speech Technology" à l'Université d'Edinburgh comprend les 50 phrases suivantes :

001 Where can I park my car ?
002 I'd like to leave this in your safe.
003 How much are my telephone charges ?
004 Is there a hairdresser in the hotel ?
005 Here's the forwarding address.
006 Is there a youth hostel near here ?
007 The wine tastes of cork.
008 When's the next flight to Manchester ?
009 Is there a connection to Glasgow ?
010 What platform does the train to Plymouth leave from ?
011 What bus do I take to Edinburgh Castle ?
012 How much are the seats in the circle ?
013 Is there any good fishing around here ?
014 We came here last year.
015 I don't want to spend more than twenty pounds.
016 Will I have any difficulty with the customs ?
017 Do you have a smaller size ?
018 When will they be ready ?
019 What sort of cheese do you have ?
020 Where's the letter box ?
021 My child has had a fall.
022 I've got something in my eye.
023 I can't move my legs.
024 I'm allergic to antibiotics.

025 They asked if I wanted to come along on the barge trip.

026 Amongst her friends she was considered beautiful.

027 John could lend him the latest draft of his work.

028 From forty love the score was now deuce and the crowd grew tense.

029 The bulb blew when he switched on the light.

030 They launched into battle with all the forces they could muster.

031 He jerked round in an instant to face his assailant.

032 It was important to be perfect since there were no prompts.

033 She flicks through a magazine when she gets a chance.

034 I'll hedge my bets and take no risks.

035 I'll draft those new proposals before the next meeting.

036 When forced to make a choice, Sarah chose ping-pong as her favourite game.

037 Coe beat him to the line by five thousandths of a second.

038 You ought to brush your teeth before you go to bed.

039 I wish he'd either grow a beard or shave his moustache.

040 Judith found the manuscripts waiting for her on the piano.

041 I shall paint this room mauve with a few beige dots.

042 Changing gear half way up a steep hill can be quite risky.

043 I always enjoy a pint of lager when I come off the squash court.

044 Jean might prepare more salmon and cucumber sandwiches if we're lucky.

045 Water was cascading down the mountain at a rate of knots.

046 Our butcher makes his own pork and beef sausages.

047 Martin and Craig grow dwarf tulips and exhibit them all over the county.

048 He remembered he needed a passport to get a visa stamp.

049 Everyone talks of the birds and the bees but they never mention wasps.

050 The ceremony overwhelmed me and I was moved to tears.

Base de données de Keele :

Cette base de données est fournie par l'Université de Keele, elle comprend un texte phonétiquement équilibré, qui est le suivant :

The north wind and the sun were disputing which was the stronger when a traveller came along, wrapped in a warm cloak. They agreed that the one who first succeded in making the traveller take his cloak off should be considered stronger than the other. Then the north wind blew as hard he could but the more he blew the more closely did the traveller fold his cloak around him and at last the north wind gave up the attempt. Then the sun shone warmly out and immediately the traveller took off his cloak and so the north wind was obliged to confess that the sun was the stronger of the two.

TECHNIQUES DE DÉBRUITAGE

SureShrink

SURE (pour Stein's Unbiased Risk Estimate en anglais) est une méthode proposée par (Donoho *et al.*, 1995) :

Pour chaque sous-bande, trouver le seuil :

$$T_{Sure} = \min(t_i, \sigma\sqrt{2\log N}) \tag{B.1}$$

où t_i est la valeur du seuil à chaque niveau i de décomposition ; N est la longueur de la fenêtre d'analyse.

BayesShrink

BayesShrink a été proposée par (Chang *et al.*, 2000). La mesure du seuil est en fonction de la sous-bande analysée. Le seuil de BayesShrink est donné comme suit :

$$T_{Bayes} = \frac{\sigma^2}{\widehat{\sigma}_y} \tag{B.2}$$

où σ est la variance du bruit et $\widehat{\sigma}_y$ est la variance du signal y sans le bruit. Ce seuil est obtenu par minimisation du risque Bayésien en faisant l'hypothèse d'une distribution gaussienne généralisée.

C

INTERFACE GRAPHIQUE

Qt est une interface d'application orientée objet et développée en C++ par Qt Development Frameworks. C'est une interface d'application multi-plateforme qui se compose non seulement d'un GUI Widget, mais aussi des classes pour travailler avec OpenGL, bases de données SQL, filetage, réseau protocoles (HTTP, FTP, UDP, TCP) et bien plus encore. Qt permet la portabilité des applications qui n'utilisent que ses composants par simple recompilation du code source. Qt supporte des bindings avec plus d'une dizaine de langages autres que le C++, comme Java, Python, Ruby, Ada, C#, Pascal, Perl, Common Lisp, etc. Qt est notamment connu pour être la bibliothèque sur laquelle repose l'environnement graphique KDE, l'un des environnements de bureau les plus utilisés dans le monde Linux.

Qt Designer est un logiciel qui permet de créer des interfaces graphiques Qt dans un environnement convivial. L'utilisateur, par glisser-déposer, place les composants d'interface graphique et y règle leurs propriétés facilement. Qt Designer est l'outil de Qt pour concevoir et construire des interfaces graphiques. Il permet de concevoir des widgets, boîtes de dialogue ou des fenêtres complètes en utilisant des formulaires à l'écran. Qt Designer utilise XML ".ui" pour stocker les conceptions mais ne génère pas de code.

Actuellement Python a deux liaisons séparées pour le Qt : PySide et PyQt. PySide et PyQt ont tout les deux Python complet pour Qt et sont disponibles pour Mac, Windows et Linux. La principale différence entre les deux est la façon dont ils sont autorisés. PyQt est développé par River Bank Computing et il est disponible sous la licence GPL ou une licence commerciale. Cela signifie que si l'application est open source, on peut utiliser la version gratuite GPL, mais si l'application n'est pas open source, la licence commerciale doit être acheter. Contrairement à PyQt, Pyside est sous licence LGPL et peut être utilisé dans les applications à la fois open source et non open source.

PySide est le projet de liaisons entre Python et Qt, offrant un accès au cadre complet Qt, ainsi que des outils de générateur pour générer rapidement des fixations pour toutes les bibliothèques.

Afin d'interagir avec l'étude proposée dans nos recherches, nous avons développé une interface graphique : "PIVOX" sous Qt designer et générer avec Python sous PySide.

Sur la page d'accueil de l'interface C.1, nous proposons les trois axes de notre contributions qui sont : la détection du pitch, la conversion et la correction vocale.

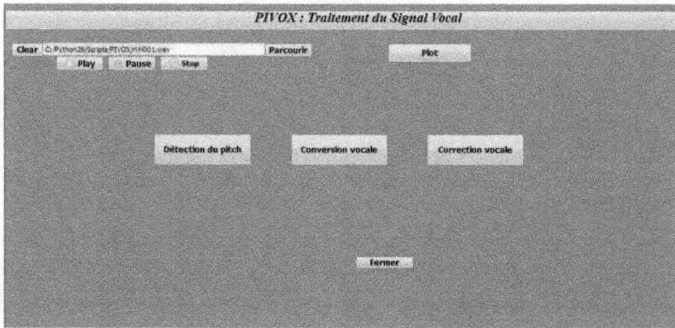

FIGURE C.1 – Interface graphique : PIVOX (page d'accueil).

Concernant le premier axe qui est la détection du pitch, l'interface procure la possibilité d'interagir avec les six algorithmes proposés dans notre étude et aussi de quelques techniques propres au traitement du signal, dont nous citons : la fenêtre de Hamming, la fenêtre de pondération, le signal spectral, le signal excitatif, l'énergie du signal et la latence calculée pendant le traitement. La figure C.2 est une capture d'écran de la fenêtre regroupant ces fonctionnalités.

Concernant le deuxième axe de conversion de voix normale vers une autre voix normale, la page de l'interface "PIVOX" illustrée par la figure C.3 propose deux choix à l'utilisateur. En commençant par sélectionner la voix source et la voix cible, le premier choix concerne la perception directe de la voix synthétisée apprise à partir de la base de données et le deuxième choix concerne le traitement de ces deux voix par un passage par toutes les étapes de la conversion de voix mentionnées dans le chapitre 3.

Pour ce qui est du troisième axe de correction de voix œsophagienne vers une voix normale, la capture d'écran de cette partie est illustrée par la figure C.4.

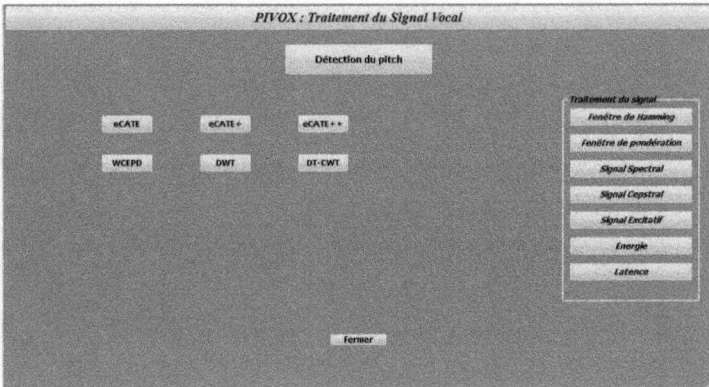

FIGURE C.2 – PIVOX : Détection du pitch.

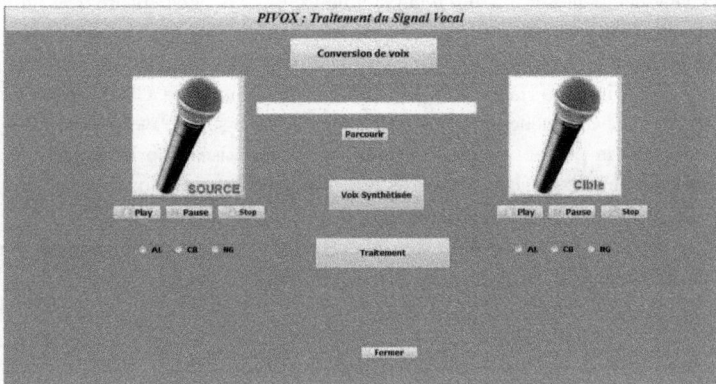

FIGURE C.3 – PIVOX : Conversion de voix.

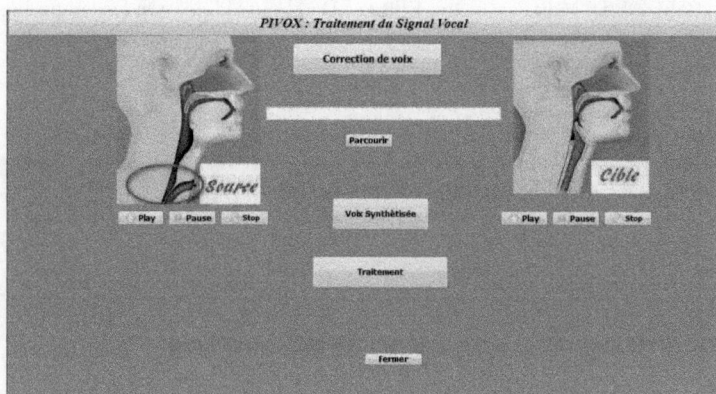

FIGURE C.4 – PIVOX : Correction de voix.

Publications de l'auteur

Articles dans des revues

F. Bahja, J. Di Martino, E. Ibn Elhaj et D. Aboutajdine, "On Decomposing Cepstrum Excitation using Wavelet Transforms for Real-Time Pitch Tracking", *soumis à International Journal of Speech Technology.*

F. Bahja, J. Di Martino, E. Ibn Elhaj et D. Aboutajdine, "An Overview of the CATE Algorithms for Real-Time Pitch Determination", *in Journal of Signal, Image and Video Processing*, (DOI) 10.1007/s11760-013-0488-4, June 2013.

Articles dans des actes de conférences internationales

F. Bahja, J. Di Martino, E. Ibn Elhaj et D. Aboutajdine, "Prediction of Cepstral Excitation Pulses for Voice Conversion", *in International Conference on Information Systems and Economic Intelligence (SIIE)*, Jerba, Tunisie. 2012.

F. Bahja, J. Di Martino et E. Ibn Elhaj, "On The Use of Wavelets and Cepstrum Excitation for Pitch Determination in Real-Time", *in International Conference on Mathematics and Computational Science (ICMCS)*, pp. 150-153, 2012.

F. Bahja, J. Di Martino et E. Ibn Elhaj, "Real-Time Pitch Tracking using the eCATE Algorithm", *5th International Symposium on Image/Video Communications (ISIVC)*, Morocco, October 2010.

F. Bahja, J. Di Martino, E. Ibn Elhaj et D. Aboutajdine, "An improvement of the eCATE algorithm for F0 detection", *in International Symposium on Communications and Information Technologies (ISCIT)*, Tokyo, Japan. 2010.

Journées nationales

F. Bahja, J. Di Martino, E. Ibn Elhaj et D. Aboutajdine, "Système de conversion et de correction de voix pathologiques",*Manifestation scientifique à l'ENSA de Kenitra*, Maroc. 2013.

F. Bahja, J. Di Martino, E. Ibn Elhaj et D. Aboutajdine, "Prédiction d'Impulsions Excitatives Cepstrales pour la Conversion et la Correction Vocale", *Journées URAC du LRIT*, Marrakech, Rabat. 2012.

F. Bahja, J. Di Martino et E. Ibn Elhaj, "Mise en œuvre temps-réel de l'algorithme CATE dédié à la détermination du F0 de signaux audio", *Séminaire Oesovox à l'INPT*, Rabat. 2010.

ANNEXE

C

BIBLIOGRAPHY

BIBLIOGRAPHIE

ABDALLA, M. et ALI, H. (2010). Wavelet-based mel-frequency cepstral coefficients for speaker identification using hidden markov models. *Journal of Telecommunications*, 2(1):16–21.

ABE, M. (1992). A study on speaker individuality control. *PhD thesis NTT Human Interface Laboratories*.

ABE, M., NAKAMURA, S. et KAWABARA, H. (1988). Voice conversion through vector quantization. *Proceedings of ICASSP*, pages 655–658.

ARDON, R., PERRET, F. et ROCHE, C. (2001). Débruitage par seuillage des coefficients d'ondelettes. *http ://www.tsi.telecom-paristech.fr/pages/enseignement/ressources/beti/donoho/Seuillage/SeuilCoeff.htm*.

BAGSHAW, P., HILLER, S. et JACK, M. (1993). Enhanced pitch tracking and the processing of f0 contours for computer aided intonation teaching. *Proceedings of European Conference on Speech Technology, Berlin*, 2:1000–1003.

BAHJA, F., DI MARTINO, J. et IBN ELHAJ, E. (2010a). Real-time pitch tracking using the ecate algorithm. *5th International Symposium on Image/Video Communications (ISIVC), Morocco*.

BAHJA, F., DI MARTINO, J. et IBN ELHAJ, E. (2012a). On the use of wavelets and cepstrum excitation for pitch determination in real-time. *ICMCS*, pages 150–153.

BAHJA, F., DI MARTINO, J., IBN ELHAJ, E. et ABOUTAJDINE, D. (2010b). An improvement of the ecate algorithm for f0 detection. *Proceedings of the International Symposium on Communications and Information Technologies (ISCIT), Japan*, pages 24–28.

BAHJA, F., DI MARTINO, J., IBN ELHAJ, E. et ABOUTAJDINE, D. (2012b). Prediction of cepstral excitation pulses for voice conversion. *SIIE conference, Jerba, Tunisie*.

BAHJA, F., DI MARTINO, J., IBN ELHAJ, E. et ABOUTAJDINE, D. (2013). An overview of the cate algorithms for real-time pitch determination. *Journal of Signal, Image and Video Processing, (DOI) 10.1007/s11760-013-0488-4.*

BI, N. (1996). Speech conversion and its application to alaryngeal speech enhancement. *3rd International Conference on Signal Processing, USA,* 2:1586–1589.

BI, N. et QI, Y. (1997). Application of speech conversion to alaryngeal speech enhancement. *IEEE Transactions on Speech and Audio Processing,* 5(2):97–105.

BOITE, R., BOURLARD, H., DUTOIT, T., HANCQ, J. et LEICH, H. (2000). *Traitement de la Parole.* Presses Polytechniques Universitaires Romandes, Lausanne.

BROWN, M. (2001). *Pyhton.* McGraw-Hill.

CANTER, G. (1963). Speech characteristics of patients with parkinson's disease : I intensity, pitch and duration. *Journal of Speech and Hearing Disorders,* 28.

CHAMI, M., , DI MARTINO, J., PIERRON, L. et IBN ELHAJ, E. (2012). Real-time signal reconstruction from short-time fourier transform magnitude spectra using fpgas. *SIIE conference, Tunisia.*

CHANG, G., YU, B. et VETTERLI, M. (2000). Adaptive wavelet thresholding for image denoising and compression. *IEEE Transactions of Image Processing,* 9(9):1532–1546.

CHERKAOUI, A., OUDIDI, A. et EL ALAMI, N. (2009). Profil épidémiologique du cancer du larynx au service orl, chu de fès, maroc. *Revue d'Epidémiologie et de Santé Publique,* 57(S1):S19.

CHU, W. et ALWAN, A. (2009). Reducing f0 frame error of f0 tracking algorithms under noisy conditions with an unvoiced/voiced classification frontend. *ICASSP, Taiwan,* pages 3969–3972.

CHU, W. et ALWAN, A. (2012). Safe : a statistical approach to f0 estimation under clean and noisy conditions. *IEEE Transactions on Audio, Speech, and Language Processing,* 20(3):933–967.

DARLEY, F., ARONSON, A. et BROWN, J. (1969). Clusters of deviant speech dimensions in the dysarthrias. *Journal of Speech and Hearing Research,* 12.

de CHEVEIGNÉ, A. et KAWAHARA, H. (2002). Yin, a fundamental frequency estimator for speech and music. *Journal of the Acoustical Society of America,* 111(4):1917–1930.

DEMPSTER, A., LAIRD, N. et RUBIN, D. (1977). Maximum likelihood from incomplete data via the em algorithm. *Journal of the Royal Statistical Society. Series B (Methodological),* 39(1):1–38.

DI MARTINO, J. et LAPRIE, Y. (1999). An efficient f0 determination algorithm based on the implicit calculation of the autocorrelation of the temporal excitation signal. *6th European Conference on Speech Communication and Technology EUROSPEECH, Budapest Hungary.*

DI MARTINO, J. et PIERRON, L. (2010). Synthétiseur numérique audio amélioré. *INRIA, Université Henri Poincaré Nancy 1, INPI, Paris, brevet "Oesovox" 10/02674.*

DIAKITÉ, A., DIABATÉ, K., JAMES, L., TOLBA, A., HIMMICH, M., DOSSOU, S., ELKA-CEMI, H., KEBDANI, T. et BENJAAFAR, N. (2012). Cancer du larynx : expérience de l'institut national d'oncologie de rabat, à propos de 404 cas. *23 ème Congrès National de la Société Française de Radiothérapie Oncologique,* 16(5-6).

DOI, H., NAKAMURA, K., TODA, T., SARUWATARI, H. et SHIKANO, K. (2010). Statistical approach to enhancing esophageal speech based on gaussian mixture models. *Proceeding ICASSP, Dallas, USA,* pages 4250–4253.

DONOHO, D. et JOHNSTONE, I. (1995). Adapting to unknown smoothness via wavelet shrinkage. *Journal of the American Statistical Association,* 90(432):1200–1224.

DONOHO, D., JOHNSTONE, I., KERKYACHARIAN, G. et PICARD, D. (1995). Wavelet shrinkage : Asymptopia? *Journal of the Royal Statistics Society, Series B,* 57:301–369.

DREYFUS, G., SAMUELIDES, M., MARTINEZ, J., GORDON, M., BADRAN, F., S.THIRIA et HÉRAULT, L. (2008). Réseaux de neurones - méthodologies et applications (eyrolles).

EN-NAJJARY, T. (2005). Conversion de voix pour la synthèse de la parole. *PhD thesis, Université de Rennes I, France.*

GOLD, B. et RABINER, L. (1969). Parallel processing techniques for estimating pitch periods of speech in the time domain. *Journal of the Acoustical Society of America,* 46(2 part 2):442–448.

GROSDEMANGE, M. et MALINGREY, M. (2010). Prise en charge du patient ayant subi une laryngéctomie totale : élaboration d'un guide à l'usage des orthophonistes libéraux.

HASSEN, S., EL BENNA, N., OUACHTOU, K. et ABDELOUAFI, A. (2007). Cancer du larynx : à propos de 70 cas. *Société Française de Radiologie.*

HISADA, A. et SAWADA, H. (2002). Real-time clarification of œsophageal speech using a comb filter. *International Conference on Disability, Virtual Reality and Associated Technologies,* pages 39–46.

HUSSON, R. (1962). *Physiologie de la phonation.* Masson, Paris.

IDRISSI, M., ENNEDDAM, H., HIROUAL, R., EL GUANOUNI, N., ESSADKI, O. et OUSEHAL, A. (2010). Cancer du larynx : apport du scanner dans le bilan d'extension. *Société Française de Radiologie.*

JANER, L. (1998). New pitch detection algorithm based on wavelet transform. *Proceedings of the IEEE-SP International Symposium on Time-Frequency and Time-Scale Analysis, Pittsburgh, Pennsylvania.*

KADAMBE, S. et BOUDREAUX-BARTELS, G. (1992). Application of the wavelet transform for pitch detection of speech signals. *IEEE Transactions on Information Theory*, 38(2): 917–924.

KAIN, A. (2001). High resolution voice transformation. *PhD thesis, Oregon Health and Science University.*

KAIN, A. et MACON, M. (1998). Spectral voice conversion for text to speech synthesis. *Proceedings of ICASSP 1*, pages 285–288.

KELLER, E., VIGNEUX, P. et LAFRAMBOISE, M. (1991). Acoustic analysis of neurologically impaired speech. *British Journal of the Disorders of Communication*, 97:2461â2465.

KINGSBURY, N. (1998a). The dual-tree complex wavelet transform : a new efficient tool for image restoration and enhancement. *Proceedings of EUSIPCO, Rhodes, Greece*, pages 319–322.

KINGSBURY, N. (1998b). The dual-tree complex wavelet transform : a new technique for shift invariance and directional fillters. *8th IEEE DSP Workshop, Bryce Canyon UT.*

KINGSBURY, N., ZYMNIS, A. et PENA, A. (2004). Dt-mri data visualisation using the dual-tree complex wavelet transform. *Proceedings of the IEEE Symposium on Biomedical Imaging, Arlington VA*, pages 328–331.

KRUSBACK, D. et NIEDERJOHN, R. (1991). An autocorrelation pitch detector and voicing decision with confidence measures developed for noise- corrupted speech. *IEEE Transactions on Signal Processing*, 39:319–329.

KWITT, R., MEERWALD, P. et UHL, A. (2009). Tracking ground based targets in aerial video with dualtree complex wavelet polar matching and particle filtering. *Digital Signal Processing, 16th International Conference on Digital Object Identifier*, pages 1–8.

LAHLAIDI, A. (1987). *Anatomie topographique*, volume 4. Editions Ibn Sina.

LARSON, E. (2005). Real-time domain pitch tracking using wavelets. *Ph.D. in Kalamazoo College.*

LE HUCHE, F. et ALLALI, A. (2001). *La Voix. Anatomie et physiologie des organes de la voix et de la parole*. Masson Paris.

LEE, K., YOUNG, D. et CHA, I. (1996). A new voice transformation method based on both linear and nonlinear prediction analysis. *Proccedings of ICSLP 3*, pages 1401–1404.

LINDE, Y., BUZO, A. et GRAY, R. (1980). An algorithm for vector quantizer design. *IEEE Transactions on Communications*, COM-28(1).

MAHADEVAN, V. et ESPY-WILSON, C. (2011). Maximum likelihood pitch estimation using sinusoidal modeling. *International Conference on Communications and Signal Processing (ICCSP)*.

MARKEL, J. (1972). The sift algorithm for fundamental frequency estimation. *IEEE Transactions on Audio and Electroacoustic*, 20:367–377.

MATUI, K., HARA, N., KOBAYASHI, N. et HIROSE, H. (1999). Enhancement of œsophageal speech using formant synthesis. *Proceedings of ICASSP*, Phoenix, Arizona:1831–1834.

MEDAN, Y., YAIR, E. et CHAZAN, D. (1991). Super resolution pitch determination of speech signals. *IEEE Transactions on Signal Processing, ASSP-39*, 1:40–48.

MIDDLETON, G. (2003). Pitch detection algorithms. *Connexions Project*.

MILLER, M. et KINGSBURY, N. (2008). Image modeling using interscale phase properties of complex wavelet coefficients. *IEEE Transactions on Image Processing*, 17(9):1491–1499.

MILLER, M., KINGSBURY, N. et HOBBS, R. (2005). Seismic imaging using complex wavelets. *Proceedings of the ICASSP Conference, Philadelphia*, pages 557–560.

MIZUNO, H. et ABE, M. (1995). Voice conversion algorithm based on piecewise linear conversion rules of formant frequency and spectrum tilt. *Speech Communication 16*, pages 153–164.

NAKATANI, T., AMANO, S., IRINO, T., ISHIZUKA, K. et KONDO, T. (2008). A method for fundamental frequency estimation and voicing decision : Application to infant utterances recorded in real acoustical environments. *Speech Communication*, 50(3):203–214.

NARENDRANATH, M., MURTHY, H., RAJENDRAN, S. et YEGNANARAYAN, B. (1995). Transformation of formants for voice conversion using artificiel neural networks. *Speech Communication*, 16(2):207–216.

NAWAB, S., QUATIERI, T. et LIM, J. (1983). Signal reconstruction from short-time fourier transform magnitude. *IEEE Transactions on Acoustics, Speech and Signal Processing*, ASSP-31(4):986–998.

NELSON, J., PANG, S., KINGSBURY, N. et GODSILL, S. (2008). Tracking ground based targets in aerial video with dual-tree complex wavelet polar matching and particle filtering. *11th International Conference on Information Fusion, Cologne*, pages 1–7.

NEVILLE, K. et HUSSAIN, Z. (2009). Effects of wavelet compression of speech on its mel-cepstral coefficients. *International Conference on Communication, Computer and Power (ICCCP), Muscat*, pages 15–18.

NEY, H. (1983). A dynamic programmation algorithm for nonlinear smoothing. *Signal Processing*, 5(2):63–173.

NIRMAL, J., PATNAIK, S. et ZAVERI, M. (2012). Cepstrum based voice transformation using ann. *IJCA Proceedings on International Conference in Computational Intelligence (ICCIA*.

NOLL, A. (1967). Cepstrum pitch determination. *Journal of Acoustical Society of America*, 41:293–309.

NOLL, A. (1969). Pitch determination of human speech by the harmonic product spectrum the harmonic sum spectrum and a maximum likelihood estimate. *Proccedings of the Symposium on Computer Processing in Communication*, pages 779–798.

OPPENHEIM, A. et SCHAFER, R. (1968). Homomorphic analysis of speech. *IEEE Transactions on Audio Electroacoustic*, AU-16:221–226.

PARK, K.-Y. et KIM, H. (2000). Narrowband to wideband conversion of speech using gmm based transformation. *Proceeding ICASSP, Istanbul , Turkey*, pages 779–798.

PHILIPS, M. (1985). A feature-based time domain pitch tracker. *Journal of the Acoustical Society of America*, 77:S9–S10.

PLANTE, F., MEYER, G. et AINSWORTH, W. (1995). A pitch extraction reference database. *Proceedings of Eurospeech*, pages 837–840.

POURRIAT, J. et MARTIN, C. (2005). *Principes de réanimation chirurgicale*. Arnette.

QI, Y. (1990). Replacing tracheoesophageal voicing sources using lpc synthesis. *Journal of Acoustical Society of America*, 88:1228–1235.

QI, Y., WEINBERG, B. et BI, N. (1995). Enhancement of female esophageal and tracheoesophageal speech. *Journal of the Acoustical Society of America*, 26.

RABINER, L. et GOLD, B. (1975). *Theory and Application of Digital Signal Processing*. Prentice-Hall, Englewood Cliffs, N.J.

RABINER, L. et SCHAFER, R. (1978). *Digital Processing of Speech Signals*. Prentice-Hall, Englewood Cliffs, N.J.

REYNOLDS, D. et ROSE, R. (1995). Robust text-independent speaker identification using gaussian mixture speaker models. *IEEE Transactions on Speech and Audio Processing*, 3(1):72–83.

SCHROEDER, M. (1968). Period histogram and product spectrum : New methods for fundamental frequency measurement. *Journal of the Acoustical Society of America*, 43(4):829–834.

SECREST, B. et DODDINGTON, G. (1983). An integrated pitch tracking algorithm for speech systems. *Proceedings of the IEEE International Conference on Acoustics, Speech and Signal Processing, Boston*, pages 1352–1355.

SMITH, S. (2006). *Matlab : Advanced GUI Development*. Dog Ear Publishing.

STYLIANOU, Y. (1996a). Decomposition of speech signal into a deterministic and a stochastic part. *Proceedings of ICSLP*.

STYLIANOU, Y. (1996b). Harmonic plus noise model for speech, combined with statistical methods, for speech and speaker modification. *Thèse de l'École Nationale Supérieure des Télécommunications, Paris, France*.

STYLIANOU, Y. (1998a). Continuous probabilistic transform for voice conversion. *IEEE Transactions on Speech and Audio Processing*, 6(2):131–142.

STYLIANOU, Y. (1998b). Removing phase mismatches in concatenative speech synthesis. *IEEE Transactions on Speech and Audio Processing*, 9:232–239.

STYLIANOU, Y., CAPPÉ, O. et MOULINE, E. (1995). Statistical methods for voice quality transformation. *Proceedings of Eurospeech 6*, pages 447–450.

TALKIN, D. (1995). A robust algorithm for pitch tracking (rapt). *Speech coding and synthesis, Eds. : Elsevier Science*, pages 495–518.

TOTH, A. et BLACK, A. (2007). Using articulatory position data in voice transformation. *Workshop on Speech Synthesis*, pages 182–187.

TRUCHETET, F. (1998). Ondelettes pour le signal numérique. *Edition Hermès, Paris*.

VALBRET, H. (1992). Système de conversion de voix pour la synthèse de la parole. *Thèse, ENST Paris*.

VALBRET, H., MOULINE, E. et TUBACH, J. (1992). Voice transformation using psola technique. *Speech Communication 11*, pages 175–187.

VIROLE, B. (2001). *Réseau de neurones et psychométrie*. Centre de Psychologie Appliqué.

WATANABE, T., MURAKAMI, T., NAMBA, M., HOYA, T. et ISHIDA, Y. (2002). Transformation of spectral envelope for voice conversion based on radial basis function networks. *International Conference on Spoken Language Processing*, 1.

WEIPING, H., XIUXIN, W. et GOMEZ, P. (2004). Robust pitch extraction in pathological voice based on wavelet and cepstrum. *Proceedings of the EUSIPCO, Vienna, Austria*, pages 297–300.

WERGHI, A., DI MARTINO, J. et BEN JEBARA, S. (2010). On the use of an iterative estimation of continuous probabilistic transforms for voice conversion. *Proceedings of the 5th International Symposium on Image/Video Communication over fixed and Mobile Networks (ISIVC), Rabat, Morocco.*

www.ingramcontent.com/pod-product-compliance
Lightning Source LLC
Chambersburg PA
CBHW021106210326
41598CB00016B/1352